海绵城市规划设计案例集

镇江市规划设计研究院

U0194994

中国建筑工业出版社

图书在版编目（CIP）数据

海绵城市规划设计案例集/镇江市规划设计研究院.
北京：中国建筑工业出版社，2019.1
ISBN 978-7-112-23030-3

Ⅰ.①海… Ⅱ.①镇… Ⅲ.①城市规划—建筑设计—
作品集—中国—现代 Ⅳ.①TU984.2

中国版本图书馆CIP数据核字（2018）第266428号

　　本书精选了镇江市规划设计研究院近年完成的15个海绵城市规划设计案例，项目类型涵盖了海绵专项规划和控制性详细规划，以及场地、道路、绿地广场、水系等项目的施工设计。通过对案例从收集资料、条件分析、工程设计到建成效果的全过程介绍，梳理总结了海绵城市建设的设计经验，这对正在进行中的海绵城市建设和同行读者均大有助益。

责任编辑：刘爱灵
责任校对：王　烨

海绵城市规划设计案例集
镇江市规划设计研究院
＊
中国建筑工业出版社出版、发行（北京海淀三里河路9号）
各地新华书店、建筑书店经销
北京点击世代文化传媒有限公司制版
天津图文方嘉印刷有限公司印刷
＊
开本：787×1092毫米　1/16　印张：16¾　字数：342千字
2019年3月第一版　2019年3月第一次印刷
定价：**128.00**元
ISBN 978-7-112-23030-3
（33106）

主　　编　朱晓娟

副 主 编　王婷婷

参编人员　吴　薇　王晓伟　陈高艺

　　　　　梁丽丽　严扬力　孙　坚

　　　　　康　曲　张　跃　冒文娟

　　　　　李秋兰　陈　惠　陈稳稳

前言

　　改革开放以来，我国经历了世界历史上规模最大、速度最快的城镇化进程，城市的开发强度、广度史无前例，经济和城乡建设发展取得了非凡的成就。伴随着工业化和城镇化的快速推进，也给城乡生态环境带来了严峻的挑战。近年来，受全球气候变暖、城市热岛雨岛效应，城市硬化带来产汇流机制改变等因素影响，城市暴雨呈增多增强趋势。城市"看海"、水源危机、河流黑臭等一些城市病态现象持续显现。

　　城市，理应让生活更加美好，让人们在每天的衣食住行中感到舒适、便捷。可是，关系城市运行和群众生活的水环境问题，却日益成为人民群众反映最强烈的现实难题。

　　2013 年 12 月，习近平总书记在中央城镇化工作会议上的讲话中正式提出"建设自然积存、自然渗透、自然净化的海绵城市"。海绵城市，正是在快速城镇化和全球气候变化双重背景下，营造健康、绿色、宜居水环境的正确打开方式。海绵城市建设遵循生态优先的原则，通过自然途径与人工措施相结合，在确保城市排水防涝安全的前提下，最大限度地实现雨水在城市区域的积存、渗透和净化，使城市能够像海绵一样，在适应环境变化和自然灾害等方面具有良好的"弹性"，以恢复城市的自然调节属性。

　　镇江市规划设计研究院的海绵城市技术探索起步于 2008 年，通过翻译研究美国原版《低影响开发设计手册》，吸收国际雨洪管理理念，引入数字模拟技术，2010 年起与西雅图市公用事业管理局、中国科学院生态环境研究中心等国内外机构合作，将研究成果逐步应用于工程实践。2012 年完成的《镇江市城市面源污染治理规划（2012 ~ 2020）》成为全国首个以城市整体为对象的面源污染治理规划；融入低影响开发理念的《镇江市城市排水规划》2013 年获得部优三等奖；2015 年多项海绵城市工程设计项目建成，凭借技术领先优势编制的《镇江市海绵城市建设试点申报方案》以较高排名成功申报国家首批海绵城市试点，镇江也成为江苏省唯一成功跻身国家海绵试点的城市。

　　2015 年以来，我们先后在长沙、西安、宁波、常州、温岭、昆山等多个城市开展海绵工程设计，取得了良好的经济、生态和社会效益。长沙滨水新城工农东路海绵型道路在2017年"6·30"特大暴雨中展现出了优异的滞水、蓄水、排水能力,被省级媒体誉为"最好的海绵型道路";陕西西咸新区沣西新城"海绵社区"获得了居民点赞;温岭东部新城多条海绵型道路成为靓丽的滨海风景线。

　　进入新时代,开启新征程,党的十九大报告中将建设生态文明提升为"千年大计",作为绿色发展理念之一的海绵城市建设必将成为城市规划建设的新常态。海绵城市的大规模建设在我国至今仅有四年时间,规划设计、工程技术和相关标准等研究正在逐步完善。我院这几年在海绵城市设计中承接了各种不同的规划设计类型和项目,取得了一定经验。本书精选了各种不同类型的规划、方案及施工图设计共15项,以案例集形式向读者介绍我院近年来完成的设计作品,是我们对过去研究和技术积累的一次审视和回顾。作为海绵城市规划设计可借鉴的素材,期望能够与读者在海绵城市建设领域进一步探讨交流,共同为海绵城市建设做出贡献。

目录

第 1 章

规　　划　　案　　例

　　海绵城市专项规划是建设海绵城市、指导城市在开发建设中落实低影响开发理念的重要依据，是城市规划的重要组成部分。海绵城市专项规划在城市总体规划的框架下编制，需要对城市的降雨、土壤、地形地貌、水文条件以及经济社会发展进行调查研究，对城市涉水问题的现状和未来发展趋势进行分析研判，还要将生态空间格局落实到总体规划中进行开发管控。

　　海绵城市专项规划既是一个宏观的规划，需要调查研究城市的生态、社会、水文、地质等；又是一个专业性很强的专项规划，需要对降雨径流的产汇流以及污染扩散方式进行分析；更是一个具有指导性的建设规划，要将规划落实到城市近期建设中。这使很多规划编制单位感觉无从下手。

　　本章第一个案例介绍了《句容市海绵城市专项规划》的编制方法、编制思路和规划产出，主要包括基础现状调研、问题识别、需求分析、目标和指标确定、多目标规划方案集成、近期规划确定等。该规划作为代表南方气候区、中小城市中海绵专项规划编制较完善的范本，被住房和城乡建设部印发给全国做参考。

　　对于大型城市而言，海绵专项规划在指导城市开发建设中存在着管控分区偏大，对不同用地性质的新建或改造地块，海绵城市建设指标缺少针对性管控要求的问题；在公共海绵空间和设施的规模及布局方面，规划的落地性不足。因此需要根据城市分级管理要求，编制海绵城市控制性详细规划。但目前国内并没有出台海绵城市控制性详规的编制办法。本章的第二个案例，介绍了《镇江市主城区海绵城市控制性详细规划》的主要内容：细化海绵城市专项规划的内容，落实专项规划中提出的各类指标，深化专项规划中提出的空间布局及要求，提出规划管控的思路方法与建议，并将成果纳入法定控制性详细规划中，为今后海绵城市规划管理提供依据。

1.1 句容市海绵城市专项规划

句容市是南方丰水地区的小城市，具有较好的城市排水防涝规划和防洪规划基础，海绵城市专项规划重在研究、明晰水文、水资源等基础条件，解决城市内涝积水和水环境质量较差等问题，做好与相关规划的衔接，指导海绵城市建设有关项目的实施落地。

1.1.1 背景识别与工作思路确定

1.1.1.1 气候及地理特征识别

句容市地处江苏省中南部，北、东、南三面环山。气候属于北亚热带中部季风气候区，四季分明、雨水充沛，降雨季节分配不均匀，夏季雨量占全年雨量的 47% 左右。中心城区属丘陵地形，地表坡度基本小于 2%；句容河穿城而过，是城区的主要排水河道；土壤渗透性较差。

1.1.1.2 工作基础研判

在城市涉水的规划方面，句容市已具有较为完善的城市排水防涝设施建设规划、防洪规划等，规划基础较好。但城市水文、水资源数据欠缺较多，数据不完整，本底水文循环特征不清晰。

1.1.1.3 规划主要工作内容确定

针对句容市的气候地理特点，结合现有工作基础，为综合解决句容市水环境质量较差、局部存在内涝积水等问题，规范城市开发建设行为，确定主要工作内容如下：

（1）进行现状调研；

（2）识别问题，分析海绵城市建设需求；

（3）梳理分析已有城市排水防涝设施建设规划、防洪规划等相关规划；

（4）确定目标与指标；

（5）制定系统方案；

（6）明确自然生态空间格局保护和海绵城市公共空间布局；

（7）分解与落实管控指标；

（8）制定近期建设规划。

1.1.1.4 技术路线

技术路线详见图 1.1-1。

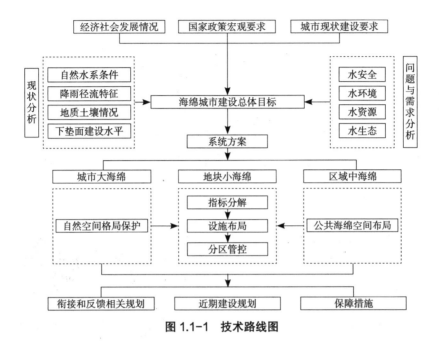

图 1.1-1 技术路线图

1.1.1.5 主要工作成果

规划的成果包括：文本、说明书和图集。其中，文本是规划中简练、重要的文字说明，表达规划的意图、目标和专项规划中的规定性要求，以及对相关规划的反馈建议等。说明书是技术性文件，是对规划文本的说明。规划图纸与规划说明书内容相符合。见图 1.1-2。

1.1.2 现状调研

针对句容的生态自然本底和开发建设后的现状进行分析，重在识别水生态、水环境、水资源、水安全方面要解决的核心问题，需收集的基础资料和辅助性资料如下：

1.1.2.1 基础资料

（1）地形图（市域 1∶5000，中心城区 1∶1000），为汇水（排水分区）划分、竖向设计、建模分析等提供支撑；

（2）城市下垫面资料（包括国土二调 GIS 更新图、最新现状用地图、最新高分辨

句容市海绵城市专项规划（2016—2030）

图 1.1-2　主要工作成果图

率卫星影像图），为汇水（排水分区）划分、竖向设计、建模分析、设施布局等提供支撑；

（3）近30年的日降雨数据，典型年的分钟级场次降雨数据（或连续降雨数据），用于分析确定自然生态本底时的年降雨径流总量控制率等参数和建模分析（句容市此类数据欠缺较多，采用临近的镇江市数据）；

（4）城市排水体制分区图、排水管网普查资料，为排水分区和项目分区划分、建模分析等提供支撑；

（5）近些年城市内涝情况（内涝发生的次数、日期、当日降雨量、淹水位置、深度、时间、范围、现场照片、灾害损失情况、原因分析），为建模、风险评估等提供支撑；

（6）已有的总体规划、控规等成果，为落实目标和指标、确定设施布局安排等提供支撑；

（7）重要的相关专项规划：城市供水、排水、防洪、绿地系统、道路交通等专项规划，为确定目标和指标、设施布局安排、多专业方案协同等提供支撑；

（8）现状及规划用地特征分类（可分为 5 类：已建保留、已批在建、已批未建、已建拟更新、未批未建等），为安排建设任务、落实设施用地等提供支撑；

（9）城市蓝线划定与保护制度，为设计和安排水生态保护、生态岸线、生态修复、水环境治理、"蓝绿融合"等工作提供支撑；

（10）城市绿线划定与保护制度，为布局和安排生态型绿地设施、"蓝绿融合"提供支撑；

（11）城市污染治理行动规划或计划（河道水质改善方案、城市雨污分流改造资料），为确定水环境治理目标、污染治理措施的安排和布局提供支撑；

（12）近期城市建设计划，为确定源头减排设计方案和工程建设时序提供支撑；

（13）规划区近期在建及待建道路计划，为确定工程建设时序提供支撑；

（14）重要生态空间分布图，包括自然保护区、森林公园、风景名胜区、湿地等，为确定空间保护格局、总规"三区四线"划分提供支撑；

（15）"十二五"、"十三五"地方经济发展规划、城建计划，为近远期实现海绵城市建设的政策环境、保障措施提供支撑；

（16）污染源普查报告及相关资料，为确定水污染治理方案和技术路线提供支撑。

1.1.2.2 辅助性资料

（1）规划区工程地质分布图及说明、地质灾害及防治规划、地质灾害评价报告、地质灾害分区图，为确定重大设施布局和技术路线提供支撑；

（2）土壤类型分布情况（如果为回填土，说明回填类型、分布范围、回填深度）、土壤密度、土壤地勘资料（土壤孔隙率、渗透系数）、规划区地勘资料（土壤及地下水位信息）、地下水埋深分布图、沉降区等分布图，用于分析确定海绵城市优先采用的技术措施；

（3）规划区现状场地及已批在建、待建场地详细方案设计图，为安排设施建设布局、时序提供支撑；

（4）规划区已有和海绵城市相关项目（项目资料、报告、现状照片）、老旧小区改造（方案、实施效果），为做好近远期工程衔接提供支撑；

（5）城市供水管网的分布情况及建设年限（供水漏损严重地区、供水管网年久失修的），为统筹解决城市水资源问题提供支撑；

（6）现有和海绵城市建设相关投资渠道梳理，为近远期实现海绵城市建设的政策环境、保障措施提供支撑；

（7）水源保护区比例、城市水源的供水保障率和水质达标率，为统筹解决城市水资源问题提供支撑；

（8）水环境质量报告书，为确定水污染治理的目标和指标、确定技术路线和具体措施提供支撑；

（9）城市水资源综合规划，水资源分析，用水需求分析；

（10）供排水现状设施（净水厂、污水厂、再生水厂、泵站、管网等），为统筹水污染治理、水资源保障等目标和指标，确定技术路线和具体措施提供支撑；

（11）再生水利用现状、相关规划及目标，为确定水污染治理的目标和指标、确定技术路线和具体措施提供支撑。

1.1.3　问题识别与海绵城市建设需求分析

在对城市地形地貌、自然生态资源、水文地质禀赋、城市发展历程、现状存在问题以及总规、相关专项规划等资料收集、分析、研判的基础上，从城市水生态、水安全、水环境、水资源四个方面进行评价，识别问题及成因，为规划决策提供依据。

（1）基于降雨、径流、地形、洪涝特性及现状工程设施分析，从排水能力、内涝风险等方面进行水安全评价。

（2）主要围绕水环境质量评价、水体污染源评价、水体流动性评价三方面展开水环境评价。

（3）对城市水资源量进行分析，对人均水资源量、资源利用效率及现状非传统水资源利用情况进行评价。

（4）对句容市域内"山、水、林、田、湖、草"等自然生态空间总体格局，以及水体、绿地等开放空间的生态功能发挥情况进行评价。分析规划区的生态敏感性，对中心城区生态空间进行评价。

（5）句容海绵城市建设需求主要为解决水环境污染问题和排水防涝安全问题。

1.1.4　现有规划的分析

对现有的城市总体规划、控制性详细规划进行分析，对已有的城市排水防涝设施建设规划、防洪规划等进行分析。其中，城市总体规划主要分析城市"山、水、林、田、湖、草"自然山水格局、用地布局等，控制性详细规划主要分析可结合、可衔接的指标和刚性管控要求。城市排水防涝设施建设规划主要分析排水防涝标准、蓄排平衡关系、排水防涝设施布局、规模、建设任务及时序，为优化提升衔接统筹做好支撑；城市防洪规划主要分析城市河道防洪标准对应的水位、水量、常水位、枯水位等，以及生态基流、水利工程设施建设规模、布局、调度管理等，为海绵城市解决水安全问题做好衔接，确定边界条件。

1.1.5 目标与指标确定

在对现状调研分析的基础上，结合句容城市发展需求，明确海绵城市建设目标，以定性描述在水生态、水安全、水环境、水资源方面所能实现的目的为主，指标是为了实现目标而进行量化、可以指导工程设计的具体数值，针对句容市最为突出的水环境改善和内涝治理的要求，确定年径流总量控制率和面源污染（TSS）削减率作为主要源头减排控制指标。统筹考虑自然水文生态循环、排水防涝安全、面源污染削减以及《海绵城市建设技术指南（试行）》的相关要求，综合确定句容市年径流总量控制率为 75%，面源污染（TSS）削减率为 60%。

1.1.6 规划方案制定

1.1.6.1 自然生态空间格局保护和城市公共海绵空间布局

（1）通过对句容"山、水、林、田、湖、草"等自然生态要素的梳理与分析，明确海绵城市建设需要重点保护的市域自然空间格局，划定生态红线。

（2）结合 MODIS 对地观测产品，运用 GIS 空间分析方法，选择了 6 个具有区域代表性的生态影响因子（洪灾河流、高程、坡度、植被指数、土地利用类型、古迹及公园），分析中心城区的生态敏感性，进一步确定句容中心城区海绵城市建设生态空间保护格局。见图 1.1-3。

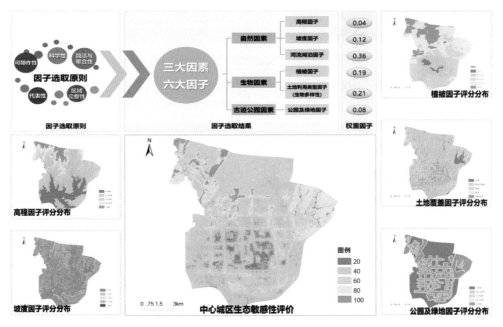

图 1.1-3　生态影响因子分析图

（3）划定蓝色和绿色空间，蓝色空间是指河流、湖泊、水库、湿地、坑塘、沟渠等水生态敏感区，绿色空间包括具有生态高度敏感、高服务价值的斑块和廊道等大海绵系统，以及中心城区公园绿地、交通绿化隔离带、城市通风廊道、城市绿廊绿道系统等。提出蓝色、绿色空间的保护要求。见图 1.1-4。

（4）结合现状评估结论，按排水防涝、水环境治理、水资源利用、水生态修复系统方案的要求规划布局句容市中心城区公共海绵设施，提出优化城市建设用地布局的建议。见图 1.1-5。

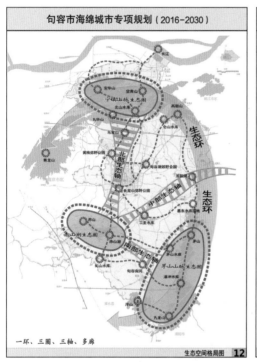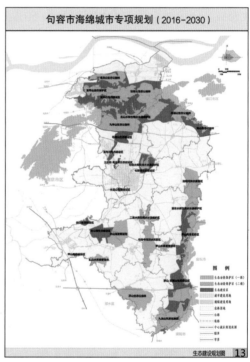

图 1.1-4　生态空间布局及规划建设图

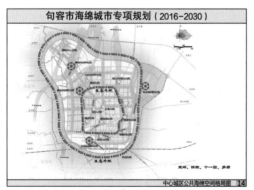

图 1.1-5　中心城区公共海绵空间格局及设施规划图

1.1.6.2　划定排水分区

句容市中心城区海绵城市建设分区分为一级和二级两个等级，作为海绵城市建设的基本管控单元。

汇水分区（一级分区）结合城市道路、河流等自然界线进行划定。

排水分区（二级分区）在汇水分区（一级分区）的基础上，经与句容市规划部门协调，对句容中心城正在编制控规的区域，其海绵城市建设"二级分区"与已划分的控规单元协调一致；其他无控制性详细规划的地区，本规划根据实际情况先行划定了海绵城市建设"二级分区"，今后编制控规时，基本控制单元应尽量与本规划中提出的"二级分区"保持一致。见图 1.1-6。

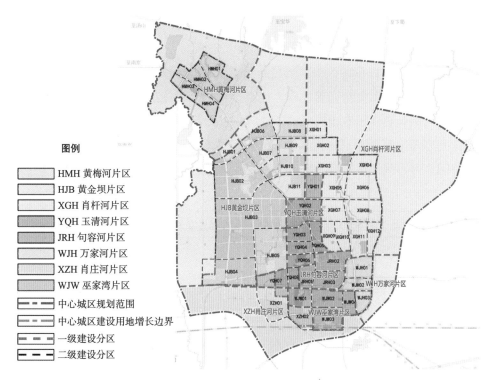

图 1.1-6　中心城区海绵城市建设分区图

1.1.6.3　指标分解与落实

根据各分区的城市建设现状、建设强度、水系统问题、用地潜力等主要因素，确定其海绵城市建设需求，落实城市防洪标准、内涝防治标准、水功能区水质达标率等指标，分解年径流总量控制率、面源污染削减率等指标，确定峰值流量径流系数等指标。

针对已建成的二级建设分区，以地块为基本研究对象，按照地块类型归类，在各类型地块中选取典型地块做海绵改造方案的研究，进行年径流总控制率及面源污染削减率指标的测算，在测算的基础上采用加权计算法，确定各二级建设分区能实现的年径流总控制率及面源污染削减率等指标。

对尚未开发建设的二级建设分区，结合用地布局等规划，考虑开发建设后对城市水环境的影响，合理确定各类新建用地的建设指标，加权计算各二级分区的年径流总控制率及面源污染削减率等指标。

1.1.6.4 编制水安全系统方案

针对句容市现状内涝积水调查结果和模型分析得出的内涝风险分布情况，以"老城区消灭现有积涝点、新城区提高防涝能力"为目标，构建源头雨水控制系统、排水管道系统和内涝防治系统三位一体、相互衔接的城市排水防涝综合体系，并与城市防洪系统相衔接，解决雨水径流在空间与时间上的分配。

老城区通过海绵城市的源头雨水控制系统建设，削减降雨径流总量和峰值，实现小雨不积水；结合城市更新完善设施，提高排水基础设施能力，实现大雨不内涝。城市新建区域则结合总规用地布局及城市竖向，布局涝水泄流通道和滞蓄场所。

根据句容市的降雨特征采用 XPSWMM 模型模拟，定量分析现状积涝的涝水深度及积涝时间，并将规划措施带入模型校核，验证规划方案效果。见图 1.1-7。

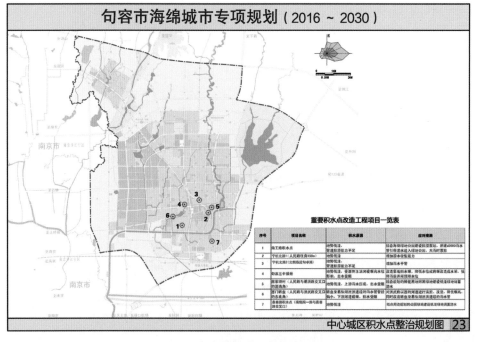

图 1.1-7　中心城区积水点整治规划图

1.1.6.5 编制水环境系统方案

针对中心城区水质恶化、黑臭现象时有发生的问题，根据句容河现状水质及流量资料，采用 SWMM 模型，构建排水"产—汇—流"模型，计算并用模型校验不同时间各污染物（点源污染、面源污染及内源污染物）的污染负荷，对比污染物控制目标核算句容河的水环境容量，确定各类污染物的削减量；按照"点源控制 + 面源控制 + 综合管理"的原则，针对点源污染、面源污染及内源污染分别提出针对性的策略：老城区因地制宜进行雨污分流、削减面源污染，新建区域全面落实海绵措施，控制面源污染。为避免源头管控不足造成的水质不达标，方案还结合排口及河道水位、岸线等实际情况，提出末端治理策略和长期水环境质量保障策略，预留水质净化规划用地。见图 1.1-8。

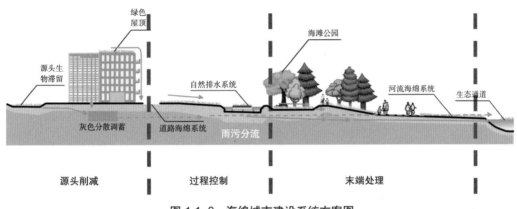

图 1.1-8 海绵城市建设系统方案图

1.1.6.6 编制水资源系统方案

在水资源方面，针对城市发展中水源紧张的问题，定量分析可利用的雨水资源量及污水再生利用量，合理确定雨水利用率、污水再生利用率及雨水、再生水的用途、工程措施。强化雨水及污水厂尾水的资源化利用。

1.1.6.7 编制水生态系统方案

采用 GIS 分析的方法，识别现状重要的生态斑块，构建生态廊道，保护句容市湿地、水体等重要生态敏感区。老城区结合城市更新进行生态修复，规划新城区则优先保护生态基底，通过生态空间的有序指引，留足生态空间和水域用地，实现河畅岸绿、人水和谐的局面。

1.1.6.8 系统方案集成

源头径流控制指标综合统筹。源头控制一方面可以削减降雨径流峰值流量，另一方面可以削减雨水径流初期污染。城市新建区域通过对规划指标的管控来实现源头径流控制（指标落实到二级分区，二级分区的各项指标应进行多轮次的测算和平衡，并需加权计算，使之达到一级建设分区对应的控制指标）。已开发建设区域，如玉清河片区、句容河片区等，统筹考虑源头削减、过程控制和末端调蓄措施，共同发力，满足一级建设分区的控制指标要求。

统筹考虑水生态、水环境、水资源、水安全方案所需用地。通过分析水安全规划用地及河道水质净化用地需求，并结合水生态系统构建和雨水资源的再生利用的用地需求，在各一级分区内系统布局公共海绵设施用地。公共海绵设施用地尽量依托城市绿地系统规划，使城市绿地能够合理利用，发挥多重功能。见图 1.1-9。

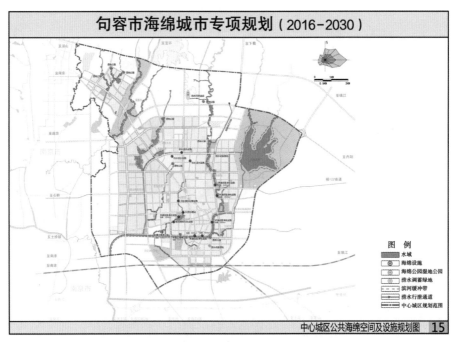

图 1.1-9 中心城区公共海绵空间及设施规划图

1.1.7 近期建设规划

1.1.7.1 提出近期建设范围

充分结合句容城市建设特点，按照需求迫切、城市更新、城市发展热点区域等要素，以及句容作为江苏省海绵城市试点城市的《工作方案》，综合确定海绵城市近期重点建设区域由试点区和重点建设区组成，试点区面积 3.6km²，重点建设区 4.1km²，合计 7.7km²，满足到 2020 年城市建成区 20% 以上的面积达到海绵城市建设目标的要求。见图 1.1-10。

图 1.1-10　海绵城市近期建设范围图

1.1.7.2　制定近期重点建设区海绵城市建设的详细方案

在近期建设区域的基础上，围绕句容近期海绵城市建设的需求与目标，从水环境改善、水安全保障、水生态保护、非常规水资源利用等四方面安排海绵城市重点建设项目，具体包括：地块源头低影响开发改造项目、雨污分流改造工程项目、积水点改造工程项目、结合水系整治实施水利、水生态修复工程等项目、海绵绿地公园建设工程项目、老旧供水管网改造工程项目，以及海绵城市监测管控平台软件开发及供排水监测设备建设等。见图 1.1-11。

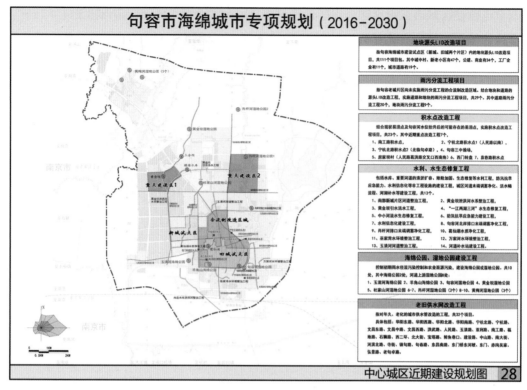

图 1.1-11　中心城区近期建设规划图

1.1.8　规划产出

1.1.8.1　句容市海绵城市建设目标和具体指标

针对水环境污染较重、局部地块存在内涝、非常规水资源利用率低、水生态环境受损等问题，采用源头减排、过程控制、系统治理等多种手段，实现"小雨不积水、大雨不内涝、水体不黑臭、热岛有缓解"的总体目标，到 2020 年，城市建成区 20% 以上的面积达到目标要求；到 2030 年，城市建成区 80% 以上的面积达到目标要求。

按照城市自然水文特征、水环境质量等生态环境本底条件，根据"生态功能保障基线、环境质量安全底线、自然资源利用上线"目标，明确句容市海绵城市建设指标，包括：城市年径流总量控制率、面源污染（TSS）削减率、雨水利用替代城市供水比例、生态岸线比例、水功能区水质达标率、城市内涝防治等。

1.1.8.2　海绵空间的规划管控

在规划区范围，对"山、水、林、田、湖、草"等自然本底进行全面摸查，开展生态敏感性分析，识别需要管控的海绵空间，构建海绵城市的自然生态空间格局，提出保护与修复要求，纳入城市禁止建设和限制建设区。

划定蓝线并落实到空间，保护河湖、坑塘、湿地的自然形态，恢复自然深潭浅滩和泛洪漫滩，应以洪水水位对应的区域空间为基础并适当外延。保护城市自然林地、湿地以及园林绿化，并纳入城市绿线进行严格管控。加强蓝线和绿线的协调，实现蓝绿交织。

与规划部门充分对接，落实重要的公共海绵空间与设施用地，包括海绵公园、湿地公园、涝水调蓄绿地、引水活水设施、河道净化处理设施、末端调蓄净化设施、补水站和涝水行泄通道等。

1.1.8.3 海绵城市建设指标的规划管控

为方便海绵城市建设的规划管控，提出"基于地块类型的建设层面海绵管控思路"。在规划区范围内，将海绵城市建设指标具体落实到各管控单元（即二级建设分区），并结合各管控单元的新、改建用地类型及已建地块的海绵城市建设条件，在开展"不同用地性质的地块海绵指标的确定"研究的基础上，将具体指标落实到各地块。

1.1.8.4 海绵城市规划衔接

提出新版城市总体规划应纳入本专项规划的衔接要素，包括自然海绵体的保护范围、蓝线划定范围、重大涉水基础设施的用地衔接、相关专题研究等；提出城市控规应纳入的海绵城市内容，包括单元控制率指标，以及指标的后续分解等；提出与排水防涝规划、给排水规划、绿地规划、道路交通规划等各专项规划的衔接内容。

（1）在总规层面，海绵纳入的要点包括：

①将海绵城市生态空间格局纳入总规四区划定中，落实保护优先的原则，科学分析城市规划区内的山、水、林、田、湖等生态资源，尤其是要注意识别河流、湖泊、湿地、坑塘、沟渠等水生态敏感区，并纳入城市非建设用地（禁建区、限建区）范围。

②规划指标体系构建。将包括年径流总量控制率等与海绵城市相关的指标，纳入城市总体规划的指标体系中；并根据城市发展目标，分别提出各类指标近、中、远期的目标值。

③用地空间布局。合理规避城市内涝高风险区，确需安排用地的，应避开学校、医院、政府办公、交通主干道等重要用地类型；因地制宜的布局泵站、城市雨水调蓄设施和合流制溢流污染控制设施，并注意落实相关用地需求。

④竖向控制要求。尊重自然本底，结合地形、地质、水文条件、年均降雨量及地面排水方式等因素合理确定城市竖向，并与防洪、排涝规划相协调，预留和保护重要的雨水径流通道。

⑤蓝线、绿线划定。综合考虑自然山水生态格局，分析城市规划区内的河湖、坑塘、沟渠、湿地等水面线位置以及水体消落带的分布，提出蓝线控制的宽度，科学划定城

市蓝线和绿线，保护城市河湖水系及其周边对于生物多样性保护和水环境保障有重要作用的绿地。

（2）在控规层面，海绵纳入的要点包括：

①明确各地块的海绵城市控制指标。将总体规划中的控制指标细化，根据城市用地分类的比例和特点，分类分解细化各地块的海绵城市控制指标。

②合理组织地表径流，不得人为破坏汇水分区。统筹协调开发场地内建筑、道路、绿地、水系等布局和竖向，使地块及道路径流有组织地汇入周边绿地系统和城市水系，并完善城市雨水管渠系统和超标雨水径流排放系统，充分发挥海绵城市设施的作用。

③统筹落实和衔接各类海绵城市设施。合理确定地块内的海绵城市设施类型及其规模，做好不同地块之间设施之间的衔接，合理布局规划区内占地面积较大的海绵设施。

④落实海绵城市相关基础设施的用地，包括城市基础设施和海绵设施规划。综合水环境、水生态、水安全、水资源等控制要求，确定海绵设施，如大型公园绿地、湿地的规模及布局，并提出建设要求。

1.1.9 规划实施实景照片

规划实施实景见图 1.1-12、图 1.1-13。

图 1.1-12 河道生态岸线

图 1.1-13 城市广场雨水花园

1.2 镇江市主城区海绵城市控制性详细规划

1.2.1 编制背景

2015 年 4 月，镇江入选国家首批海绵城市建设试点城市，随着试点区 22km² 范围三年试点期的建设完成，海绵城市建设将转向全市范围常态化推进。2015 年启动编制的《镇江市海绵城市专项规划（2015-2030）》从海绵城市建设目标、自然生态格局保护、公共海绵空间布局、海绵城市建设分区指引、涉水工程措施建设等方面提出了规划引导和管控要求，成为镇江市全面推进海绵城市建设的重要依据。但由于专项规划成果中管控指标以一级排水分区为单位提出，而镇江城市一级排水分区平均面积达 8.4km²，对不同用地性质的新建或改造地块海绵城市建设指标缺少针对性管控要求，此外公共海绵空间和设施的规模及布局的规划落地性不足。

基于以上背景，2017 年 2 月启动了《镇江市主城区海绵城市控制性详细规划》编制，旨在细化落实海绵城市专项规划的内容，落实专项规划中提出的各类指标，深化专项规划中提出的空间布局及要求，提出规划管控的思路方法与建议，并将成果纳入法定控制性详细规划中，为今后海绵城市规划管理提供依据。

1.2.2 总体思路

《镇江市主城区海绵城市控制性详细规划》依据《镇江市海绵城市专项规划（2015-2030）》对镇江主城区水安全、水环境、水资源及水生态方面的综合评价、问题与需求的分析，针对存在局部内涝、部分河流水质较差、水生态系统脆弱、优质水资源短缺，以及城市热岛效应明显等水系统问题，根据镇江主城区城市发展需求，按照"区域大海绵""城市中海绵""地块小海绵"三位一体的建设思路，从区域层面划定自然生态空间格局管控范围，构建"山、水、林、田、湖、草"互相融合的"生命共同体"；在城市用地布局中，通过对古运河、运粮河、谷阳和沿江 4 个流域片区进行内涝风险模拟评估，细化落实海绵城市专项规划提出的公共海绵空间和设施用地布局，重点解决城市内涝积水、水体黑臭、河湖水系生态功能受损等问题；在地块层面重点细化海绵城市专项规划中的控制指标，从源头角度满足雨水径流量和径流污染控制的要求，同时为各类用地、建设项目和设施提出海绵城市规划建设指引。

1.2.3 技术路线

首先，研究整理国家、省、市出台的海绵城市相关政策文件要求，衔接落实上位规划和各相关规划。上位规划方面，对镇江城市总体规划、主城区控制性详细规划，重点研究了控规单元和地块划分、用地潜力及开发强度控制指标等情况；对海绵城市专项规划，重点研究了其关于海绵城市的综合分析、水系统方案。对各相关规划，重点梳理城市排水、防涝、防洪等涉水专项规划，提炼出与本规划相关的要求；对生态红线区域保护规划、绿地系统规划、综合交通规划、精美镇江规划、城市绿道规划、特色风貌规划等专项规划找出可以互相融合的要点。见图 1.2-1。

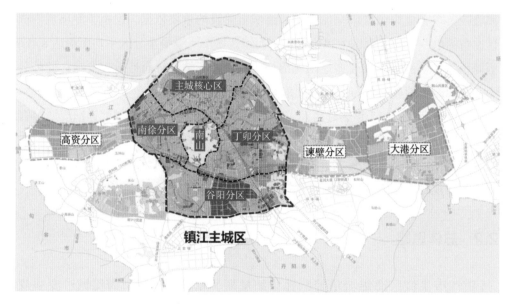

图 1.2-1　镇江市主城区区位图

其次，从区域角度出发，对自然生态本底空间进行梳理，以"尊重自然、顺应自然、保护自然"的理念识别山、水、林、田、湖等生命共同体。针对镇江"山水花园城市"的特点，重点梳理出山体、水体、绿地、湿地等自然生态本底。

第三，围绕"小雨不积水、大雨不内涝、水体不黑臭、优质水资源有保障、热岛有缓解"的目标，在海绵城市专项规划提出的水系统问题与需求分析及指标基础上，结合自然生态本底空间的梳理，开展排水分区层面的地形地貌、城市下垫面、开发建设情况、规划发展要求等海绵城市建设条件分析，明确自然生态空间的保护（大海绵）和公共海绵空间的布局（中海绵），落实年净流总量控制率、面源污染削减率等指标到传统控制性详细规划二级控规单元上，并提出地块海绵城市建设控制指标。见图 1.2-2。

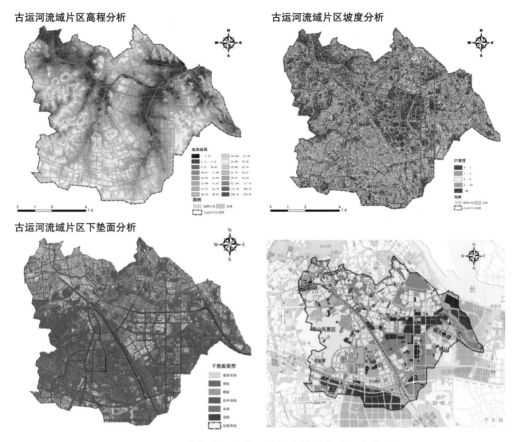

古运河流域片区高程分析

古运河流域片区坡度分析

古运河流域片区下垫面分析

图 1.2-2　以排水分区为单位进行海绵城市建设条件分析

　　第四，将确定保护的自然生态空间和布局的公共海绵空间落实到图则上，海绵城市建设指标以表格形式呈现。结合规划管理部门对项目建设流程及关键环节的管控需求，研究并提出适合镇江海绵城市建设管控的思路、方法及措施。见图 1.2-3。

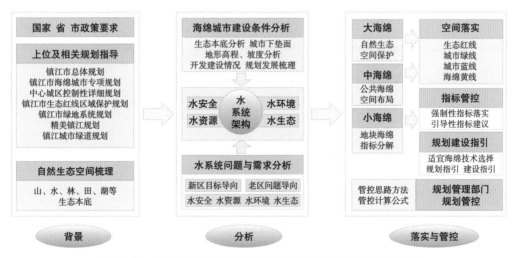

图 1.2-3　镇江市主城区海绵城市控制性详细规划编制技术路线

1.2.4 管控单元

1.2.4.1 管控单元划分

综合考虑海绵控规编制成果入库和海绵城市规划管理的需要，本规划的管控单元与《镇江市中心城区控制性详细规划》的控规单元划分一致,分为一级、二级两个层级,规划范围内划分为 39 个一级单元, 141 个二级单元。

1.2.4.2 排水分区与控规单元契合

海绵城市建设的各种分析、系统架构均以城市水系统为研究对象,考虑到水系统架构方案的科学性、合理性,本规划提出以排水分区为基本研究对象,分析海绵城市建设条件、找出水系统问题与需求,构建水系统方案。流程见图 1.2-4、图 1.2-5。

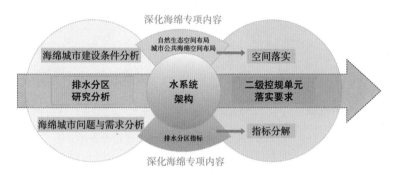

图 1.2-4 规划研究分析、深化落实流程示意图

图 1.2-5 排水分区与管控单元契合图

1.2.5　管控要素

1.2.5.1　空间管控要素

空间管控要素方面落实自然生态空间中确定的需要保护的生态廊道、生态节点等自然生态本底、城市绿地和水系空间，以及因海绵城市建设需要而布局的城市公共海绵空间及重要海绵设施。落实途径包括划定城市绿线、城市蓝线和公共海绵设施黄线等方式，具有强制性规划控制约束作用。

1.2.5.2　管控指标选取

管控指标的落实是本规划的核心产出之一，是海绵城市建设规划管控的重要依据。

地块海绵城市建设指标分为强制性指标和引导性指标两大类。强制性指标主要有年径流总量控制率、面源污染（TSS）削减率和径流系数。

海绵城市建设强制性指标中年径流总量控制率、径流系数以及面源污染削减率三者之间密切相关。国内大量的实际案例表明，面源污染削减率与年径流总量控制率和低影响开发设施对 TSS 的平均削减率有关，可概括为：

$$\boxed{\text{面源污染削减率（以 SS 计）}} = \boxed{\text{年径流总量控制率}} \times \boxed{\text{低影响开发设施对 SS 的平均去除率}}$$

径流系数能反应一定降雨条件下对峰值流量或场地径流的控制效果，与降雨频率、降雨历时、降雨强度和土壤入渗能力有关，可作为辅助指标在地块出让规划条件中提出。

综上分析，本规划选取地块年径流总量控制率指标作为规划管控的核心指标，在规划条件、选址意见书中加以落实，能够较好地发挥规划控制和引导作用。

引导性指标包括下凹式绿地率、透水铺装率、绿色屋顶率、单位面积调蓄体积等，是地块内各类低影响开发设施在某个单项数据上的体现。每类低影响开发设施的建设对强制性指标的达成都有一定的贡献，设施的规模、布局决定了贡献的大小。因此，引导性指标应在具体地块详细规划的海绵方案设计中，科学组合使用。见图 1.2-6、图 1.2-7。

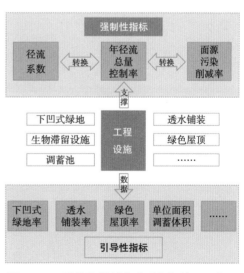

图 1.2-6　地块海绵城市建设指标关系示意图

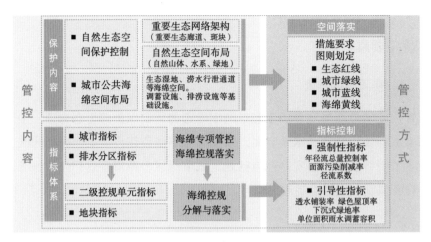

图 1.2-7　海绵控规控制内容及控制方式

1.2.6　自然生态空间保护与控制

通过对主城区重要的自然山水生态基底的梳理，在生态敏感性分析的基础上，结合城市绿地系统、水系、绿道等规划成果内容，确定必须要保护与控制的生态斑块和生态廊道，构筑镇江主城自然生态网络。

《镇江市主城区海绵城市控制性详细规划》规划的重要生态斑块主要包括山体、水体、大型城市公园和湿地公园等，共计 32 处。重要生态廊道包括河道、湿地、沿城市道路、铁路的防护绿地、城市绿道等，共 19 条。详见图 1.2-8。

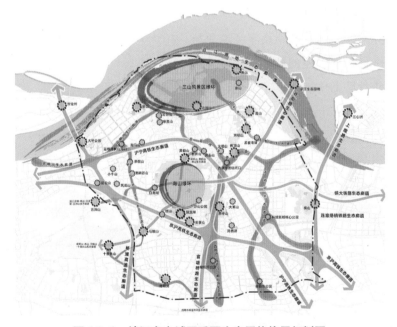

图 1.2-8　镇江市主城区重要生态网络格局规划图

1.2.7 主城区公共海绵空间规划

针对《镇江市海绵城市专项规划（2015-2030）》提出的内涝风险区域和面源污染重点控制区域，规划将镇江主城区公共海绵空间分为调蓄绿地、涝水行泄通道、人工湿地三大类，以应对城市内涝及水体污染等问题。并在海绵城市专项规划的指导下，通过海绵城市建设条件分析，布局三类 23 处城市公共海绵空间及设施。见表 1.2-1，图 1.2-9，图 1.2-10。

主城区公共海绵空间及设施汇总表　　　　　　　　　　表 1.2-1

序号	名称	规模	类型	应对问题	城市分区	二级控规单元	排水分区
1	秋实路东侧调蓄绿地	9.56hm²	调蓄绿地	内涝风险	丁卯分区	DM1101	GY-9#
2	金润大道与星卯路交叉口人工湿地	44.51hm²	人工湿地	面源污染 水体污染	丁卯分区	DM0905 DM1002 DM1003	GY-9#
3	古运河与团结河交叉口人工湿地	5.90hm²	人工湿地	面源污染 水体污染	丁卯分区	DM0501	GY-9#
4	孟家湾水库与玉带河人工湿地	11.37hm²	人工湿地	面源污染 水体污染	丁卯分区	DM0202 DM0402	GY-8#
5	宗泽路（谷阳路-玉带河）东侧涝水行泄通道	长 400m 宽 6~10m	涝水行泄通道	内涝风险	丁卯分区	DM0402	GY-9#
6	古运河与京杭运河交叉口人工湿地	4.61hm²	人工湿地	面源污染	谏壁分区	JB0103	GY-12#
7	新马路与古运河交叉口西侧调蓄绿地	0.87hm²	净化绿地	内涝风险	主城核心区	ZH0306	GY-1#
8	运河路东侧江科大校园内地表径流通道	宽 6~10m	涝水行泄通道	内涝风险	主城核心区	ZH0403	GY-6#
9	八角亭调蓄绿地	0.75hm²	调蓄绿地	内涝风险	主城核心区	ZH0206	GY-6#
10	焦山路与学府路交叉口西侧调蓄绿地	0.17hm²	调蓄绿地	内涝风险	主城核心区	ZH0403	GY-6#
11	高家门油库调蓄绿地	1.36hm²	调蓄绿地	内涝风险	南山绿核	NS01	GY-4#
12	沪宁铁路与镇大铁路之间人工湿地	3.21hm²	人工湿地	面源污染 水体污染	丁卯分区	DM0305	GY-5#
13	蚕桑路与朱方路交叉口人工湿地	0.16hm²	人工湿地	面源污染	南徐分区	NX0502	YL-4#
14	金山湖人工湿地	3.27hm²	人工湿地	面源污染	主城核心区	ZH09	YL-1#

序号	名称	规模	类型	应对问题	城市分区	二级控规单元	排水分区
15	檀山路与李家山路交叉口调蓄绿地	0.82hm²	调蓄绿地	内涝风险	南徐分区	NX0302	YL-4#
16	乔家门路与团山路交叉口调蓄绿地	0.34hm²	调蓄绿地	内涝风险	南徐分区	NX0502	YL-3#
17	盛园路与恒顺路交叉口人工湿地	2.53hm²	人工湿地	面源污染	谷阳分区	GY0802	DT-3#
18	丹平路与宜康路交叉口西侧人工湿地	6.70hm²	人工湿地	面源污染	谷阳分区	GY1001	DT-4#
19	谷阳湖人工湿地	26.15hm²	人工湿地	面源污染 水体污染	谷阳分区	GY0501	DT-1#
20	桃西路积水点调蓄绿地	0.01hm²	调蓄绿地	内涝风险	主城核心区	ZH0702	YL-1#
21	中冶玉翠园小区内部地表泄流通道	宽5~8m	涝水行泄通道	内涝风险	南徐分区	NX0604	YL-3#
22	跃进河北沿	—	（涝水行泄通道）水系整治	内涝风险	谷阳分区	GY1001	DT-4#
23	向家门海绵公园	1.76hm²	海绵公园	面源污染 超标雨水排水压力大	丁卯分区	DM0201	YJ-4#

图1.2-9　主城区公共海绵空间及设施规划图

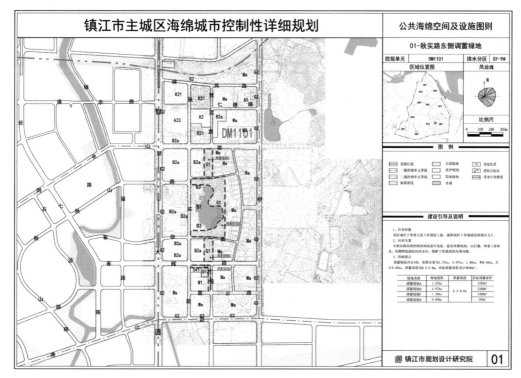

图 1.2-10 主城区公共海绵空间及设施图则

1.2.8 年径流总量控制率指标的确定

《镇江市海绵城市专项规划》编制以城市总体规划区为范围，规划尺度较大，目前该规划已将年径流总量控制指标直接落实至排水分区。本规划依据《镇江市海绵城市专项规划》，在其已分解至排水分区年径流总量控制指标的基础上，结合各排水分区内控规单元的建设现状、规划用地情况、海绵城市建设需求，将年径流总量控制指标分解至各二级管控单元，并进一步落实至二级管控单元各地块。见图1.2-11。

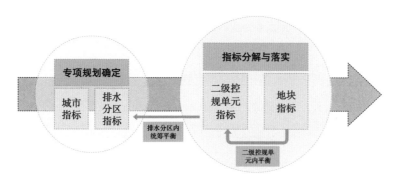

图 1.2-11 各层级指标关系示意图

1.2.8.1 二级控规单元指标落实

二级控规单元指标的落实是在对每个排水分区进一步深化研究和分析的基础上，在二级控规单元多因子指标评价体系的框架下评价得出，并在排水分区内统筹校核。

（1）评价因子的选择

在各排水分区内，土壤和地下水等天然条件均无较大差别，土壤渗透性相近；镇江市地处丘陵地区，各排水分区地势情况无显著差异，因此在指标逐级落实过程中，选取建成区比例、绿地率、水面率、建设强度4个主要因子作为评价条件，主要区分排水分区内各二级管控单元的海绵城市建设难度、建设用地空间等。同时位于老旧城区的排水分区，加入易涝点分布、水环境质量目标等影响因素，对整体评价结果进行调整，突出老城区以问题为导向、新城区以目标为导向的建设思路。

（2）单因子评价

分析统计各个二级管控单元的现状建成区比例、建设强度、绿地率和水面率4个要素，并分级别进行量化评分。见表1.2-2。

海绵城市建设适宜性评价指标体系 表1.2-2

因子	1	2	3	4	5
绿地率	小于15%	15%~30%	30%~50%	50%~70%	大于70%
水面率	小于1%	1%~2%	2%~3%	3%~4%	大于4%
建成区比例	大于75%	20%~75%	25%~50%	5%~25%	小于5%
建设强度	高	中高	中	中低	低

（3）综合评价

根据各二级单元管控分区现状建成区比例、建设强度、绿地率和水面率4个因子的评分，并根据重要程度赋予一定的权重，得到综合评分，即对各分区海绵建设适宜性进行综合评价。见表1.2-3。

综合评分=（绿地率×3+水面率×2+建成区比例评级×3+建设强度评级×2）/10

管控单元年径总量控制率确定原则 表1.2-3

综合评分	年径流总量控制率
1~1.5	55%~60%
1.5~2	60%~65%
2~2.5	65%~70%

综合评分	年径流总量控制率
2.5 ~ 3	70% ~ 75%
3 ~ 3.5	75% ~ 80%
3.5 ~ 5	80% ~ 90%
大于 5	大于 90%

易涝点分布广泛、水环境提升需求强烈的地区，年径流总量控制率提高 2 ~ 5 个百分点，以期通过径流总量的控制，间接实现峰值控制和径流污染控制。

（4）指标确定与平衡

在各排水分区内，二级管控单元年径流总量控制率的加权平均与该排水分区各管控单元指标进行校核调整，直到满足各排水分区的总体年径流总量控制率要求。

分解至二级管控单元的年径流总量控制率指标，再根据管控单元内各地块的用地性质、建设强度、绿地率等因素，进一步分解落实至具体地块。

1.2.8.2 地块指标确定

地块指标的分解根据地块的用地性质、建设强度、绿地率等因素确定，并在二级控规单元内统筹平衡。地块年径流总量控制率的确定是一个多次调整的过程。本着因地制宜、统筹协调的原则，依据控制性详细规划中提出的不同建设情况，不同用地性质的地块年径流总量控制率，确定规划条件中地块的年径流总量控制率，确实有需要调整的，可根据实际情况，允许有 5% ~ 10% 的调整。地块年径流总量控制率调整后，应对所在的二级控规单元内其他地块进行统筹协调，同步调整其他地块的年径流总量控制率指标，再通过年径流总量控制率平衡公式，以满足海绵城市控制性详细规划中提出的二级控规单元年径流总量控制率指标。见图 1.2-12。

地块年径流总量控制率指标的调整验算参见如下公式：

$$Y = \frac{\left(\sum Yi \times Si\right)}{S}$$

式中：Y——二级管控单元年径流总量控制率（%）；

S——二级管控单元总面积（m²）；

Si——地块面积（m²）；

Yi——地块年径流总量控制率（%）。

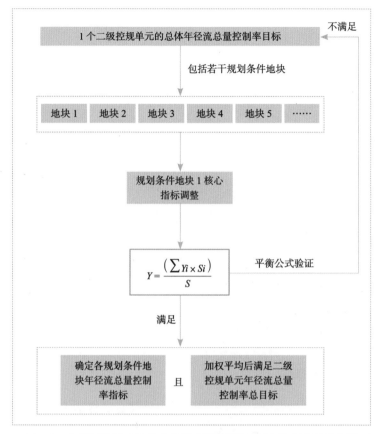

图 1.2-12 规划管控中地块年径流总量控制率指标确定流程示意图

第2章

场地海绵工程设计案例

地块在城市用地中占比最大，也是海绵城市建设中应用源头径流控制设施类型最丰富的。本章的前4个案例分别是新建项目的居住、学校、公建和厂房，由于建设条件不同，所选择的的海绵设施也略有差异。而怎样在旧城区进行海绵城市化改造，是海绵城市建设中的难点问题，本章2.5介绍了镇江市老小区海绵改造的案例。

居住类项目的绿化率较高，可以结合景观布局源头、分散式的LID设施。同德佳苑是新建居住区的海绵建设改造项目，虽然受条件限制，LID设施可选择的余地较小，但也能够达到较高的控制率。

长沙斑马湖中学作为新建校园海绵项目，结合校园实际选择了多种海绵设施，不仅能够有效控制径流，还能丰富校园景观。同时发挥向学生宣传海绵城市建设理念的作用。

公共建筑类项目的绿化用地通常不多，源头海绵设施的选择比较受限，但公共建筑项目后期的运营维护水平较高，适宜提高雨水的收集利用能力。镇江市高校园区共享区项目，在前期规划中就落实了低影响开发的理念，为后期的雨水径流控制和雨水利用创造了有利条件。

工业厂房类项目，建筑屋顶和硬质道路占比较大、绿化较少，且厂房四周管线较多，源头分散式的LID设施难以布局；设计主要采用结构深度较小、对管线影响较少的下凹式绿地，对硬质屋面及地表的雨水径流进行简单滞蓄、沉淀后，排入雨水管道；在项目内部雨水管道末端设置湿塘，对地块内雨水进行进一步控制和净化，还可以为雨水回用提供水源。

镇江市江二社区作为镇江市的海绵试点老小区，海绵化改造虽然取得了较好的环境效果，但项目实施周期长，对居民的生活干扰较大，投入的资金也较高。镇江市根据江二社区的试点经验，及时调整了后续旧城海绵改造项目的标准和技术，因此该项目也为镇江市按时完成国家试点任务提供了经验。

2.1 西咸新区沣西新城同德佳苑海绵改造项目

用地类型：居住用地

项目位置：陕西省西咸新区沣西新城

项目占地：3.97hm²

建成时间：2016 年

2.1.1 项目概况

西咸新区位于陕西省西安市和咸阳市建成区之间，是我国首批 16 个海绵城市建设试点之一。试点区域为沣西新城核心区，南起西宝高速新线，北至统一路，西至渭河大堤，东至韩非路，总面积 22.5km²，年径流总量控制率为 85%，对应设计降雨量为 19.2mm。见图 2.1-1。

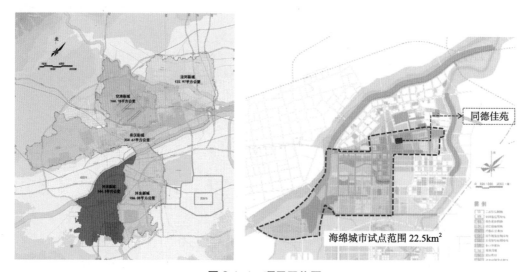

图 2.1-1 项目区位图

同德佳苑位于康定路以北、同德路以西，小区包括 21 栋多层建筑及 1 栋商业建筑，绿化率约 55%。前期小区建设中已应用多种 LID 设施对屋面和地面径流进行收集处理，但效果较差，影响了海绵城市建设的推广应用。

2.1.1.1　气象与水文地质条件

沣西新城属温带大陆性季风性半干旱、半湿润气候区。在大气环流和地形综合作用下，夏季炎热多雨，冬季寒冷干燥，四季干、湿、冷、暖分明。多年平均降水量约520mm，其中 7 ~ 9 月降雨量占全年降雨量的 50% 左右。夏季降水多以暴雨形式出现，易造成洪、涝和水土流失等自然灾害。见图 2.1-2，图 2.1-3。

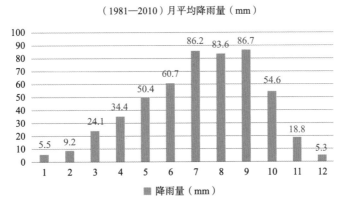

图 2.1-2　沣西新城典型降雨雨型

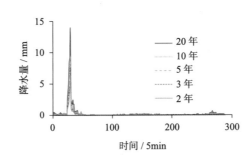

图 2.1-3　沣西新城多年月平均降雨量分布图

沣西新城区域内大多为非自重湿陷性黄土，项目工程地质层从上到下依次为第四系全新统冲积黄土状土、冲积中砂、冲积粉质黏土和冲积中粗砂层；地下水属潜水类型，水位年变化幅度 1.5m 左右。现场实测数据显示，同德佳苑土壤渗透系数 3.96mm/h，渗透性较差。

2.1.1.2　场地条件

（1）用地类型

同德佳苑无地下车库，下垫面类型包括建筑屋面、小区道路、硬质铺装、绿地等，其中绿地占比近 60%，综合雨量径流系数约 0.45。见图 2.1-4，表 2.1-1。

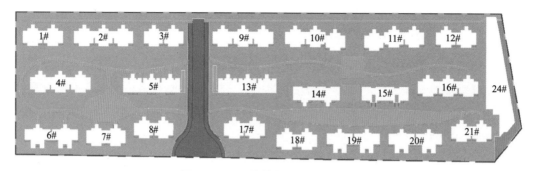

图 2.1-4 同德佳苑下垫面分析图

同德佳苑下垫面统计   表 2.1-1

项目	面积（m²）	比例	径流系数
建筑物	10881	27.43%	0.9
道路	2032	5.12 %	0.9
硬质铺装	3083	7.77%	0.9
绿地	23770	59.77%	0.15
合计	39766	100%	0.45

（2）场地竖向

同德佳苑小区地面高程 389.66 ～ 388.63m，北高南低，两边高、中间低，道路低点位于小区出入口。见图 2.1-5。

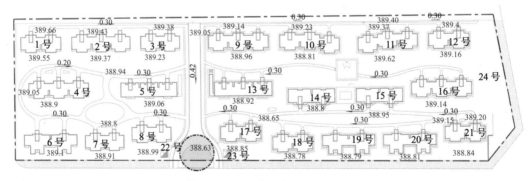

图 2.1-5 同德佳苑竖向分析图

（3）雨水管道系统

小区内采用雨污分流排水体制，雨污水管道系统均向南排至康定路。雨水排水分区以小区主干道为界，分为东西两个排水分区，雨水管道管径 d300 ～ d500，覆土 0.7 ～ 1.5m。见图 2.1-6。

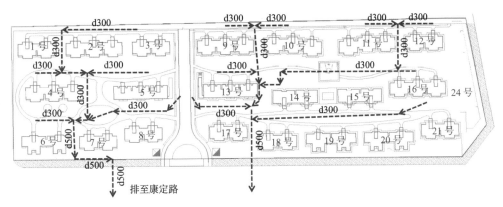

图2.1-6 同德佳苑雨水管网平面图

（4）现有 LID 设施现状分析

同德佳苑是现状小区，此前已采用多种 LID 设施，如下凹式绿地、生态滤沟、雨水花园等对屋面和地面径流进行收集处理，但存在以下几方面问题（图2.1-7）：

① LID 设施仅体现理念，没有纳入雨水控制系统统筹考虑，与排水系统、道路竖向等不匹配；

②雨水立管断流处未考虑消能措施，造成附近绿化被破坏；

③下凹式绿地存在积水现象，植物长势较差。

图2.1-7 LID 设施现状情况

2.1.1.3 问题及需求分析

（1）海绵设施的选型、布局应科学计算

项目内所有绿地均下凹，但海绵设施的规模没有经科学计算，不能定量反映海绵设施对雨水径流的控制能力，下凹式绿地内的雨水也不能及时排放。

（2）项目区域土壤应进行换填

项目区域原状土壤渗透性能差，设施内积水需一周才能排空，不仅影响植物生长，并且容易滋生蚊蝇。

（3）海绵设施设置应适应当地土壤条件

项目区域土质为微湿陷性黄土，在促进雨水入渗的同时，防止雨水下渗对道路等其他建、构筑物的不利影响，是本项目海绵城市建设必须考虑的问题。

（4）项目区域排涝压力较大，暴雨径流需尽可能得到控制

同德佳苑位于渭河2#系统，依靠末端泵站排水，且系统还未建设完成，区域排涝压力较大。应通过海绵改造设计，尽可能削减暴雨时的径流峰值，减轻区域防涝压力。

（5）景观植物合理选择与配置，提升项目内的景观效果

本项目地处西北地区，年降雨量偏低，空气干燥、风沙大，人均水资源量仅220m³。景观植物需具备耐旱、耐寒的特征，但用于雨水花园等生物滞留设施内的植物，又需具有短时耐淹和耐污的能力，因而对景观植物选配以及海绵设施设计提出了更高的要求。

2.1.2 设计目标

根据沣西新城核心区低影响开发专项研究报告，本项目主要设计目标如下：

（1）提高排水防涝标准，有效控制50年一遇暴雨径流；

（2）年径流总量控制率85.0%，对应的设计降雨量19.20mm；

（3）削减面源污染，面源污染（TSS）削减率达60%以上。

2.1.3 工程设计

2.1.3.1 设计流程

首先对设计降雨条件等进行分析，根据小区用地、竖向和管网情况，划分子汇水区。按照子汇水区核算径流控制量和设施规模，通过雨水转输设施实现相邻汇水区之间的转输调配，采用低影响开发设施和传统雨水管道相结合的方式，共同组成完整的工程技术体系。见图2.1-8。

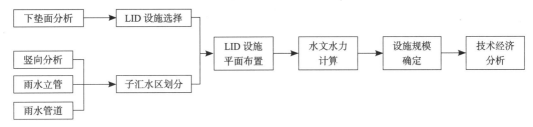

图 2.1-8 同德佳苑设计流程图

2.1.3.2 设施选择

居住区的绿色雨水基础设施以源头控制为目的,主要通过渗、滞、蓄、净、用的手段,提高降雨径流的就地吸纳率,超过吸纳能力的径流则排入城市雨水管网。居住用地的海绵设施主要包括:转输型草沟、下凹式绿地、雨水花园和透水铺装等。

(1)转输型草沟

转输型草沟指种有植被的地表沟渠,可收集、输送和排放径流雨水,并具有一定的雨水净化作用,可用于衔接其他各单项设施、城市雨水管渠系统和超标雨水径流排放系统。转输型草沟具有建设及维护费用低,易与景观结合等优点。见图 2.1-9。

(2)下凹式绿地

和普通绿地相比,下凹式绿地通过凹陷空间集蓄绿地本身和周围地面汇集而来的雨水径流。绿地的下凹深度需根据换植土壤的渗透性来确定,一般为 100 ~ 200mm。见图 2.1-10。

图 2.1-9 转输型草沟

图 2.1-10 下凹式绿地

(3)雨水花园

雨水花园一般设置在地势较低的区域,分为蓄水层、换植土层和碎石层,碎石层中设置排水盲管,用于收集下渗的雨水。雨水花园中一般均设置溢流雨水口,超过设计标准的雨水通过雨水口收集排至雨水管道系统。溢流口顶部标高一般高出绿地

100 ~ 150mm。

雨水花园主要通过土壤和植被的联合过滤作用，净化雨水，也能在雨水短暂的滞留中让雨水慢慢渗透进土壤，减小径流量。雨水花园是一个既能够美化环境，又能够净化雨水的工程，实用性较强，易于操作。对于径流污染严重、设施底部渗透面距离季节性最高地下水位或岩石层小于 1m 及距离小于 3m（水平距离）的区域，可在底部设置防渗措施。位置应尽量设置在雨水易汇集的区域。见图 2.1-11。

（4）透水铺装

建筑与小区内的透水铺装一般设置于停车位和景观道路处。透水铺装主要分为两种类型，缝隙式透水铺装和自透水铺装。缝隙式透水铺装主要是扩大砖与砖在铺设中相互衔接的缝隙，在缝隙中填充陶粒、小石子等，既不影响美观，又能渗透雨水。

自透水铺装不存在砖与砖之间的衔接缝隙，主要利用铺装材料自身的孔隙进行入渗。雨水径流可以通过孔隙渗透到基层和土壤层中，不降雨的时候，这种材料可以发挥透水换气作用。见图 2.1-12。

图 2.1-11　雨水花园

图 2.1-12　透水铺装

2.1.3.3　总体方案设计

（1）设计调蓄容积计算

根据同德佳苑用地类型和规模，参照《海绵城市建设技术指南（试行）》中各种下垫面雨量径流系数参考值，计算项目区域雨量综合径流系数，约为 0.45，则项目设计调蓄容积须不小于 343.03m³。

（2）子汇水区划分

为了保证各海绵设施高效发挥控制雨水的作用，根据项目场地条件、地形竖向及管网情况，将项目地块划分为 26 个子汇水区，每一个子汇水区计算控制容积。详见图 2.1-13，表 2.1-2。

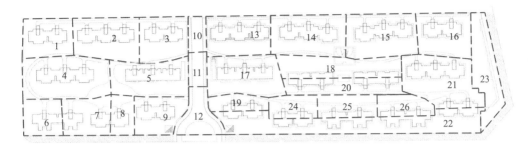

图 2.1-13 同德佳苑子汇水区划分

各子汇水区面积   表 2.1-2

子汇水区名称	子汇水区面积（m²）	子汇水区名称	子汇水区面积（m²）
1	1362	14	2177
2	1960	15	2172
3	1542	16	1660
4	2545	17	2087
5	1950	18	1835
6	1003	19	670
7	1280	20	1423
8	682	21	2461
9	1293	22	3425
10	450	23	1791
11	446	24	803
12	1036	25	985
13	1805	26	835

（3）设施选择与工艺流程

本项目为改造项目，现状 LID 设施为绿化整体下凹，未考虑土壤下渗速率以及溢流排放，因此下凹式绿地内长期积水。本次设计根据现状存在的问题与需求，结合当地气候与水文地质条件，尤其湿陷性黄土地质构造、西北地区干旱少雨的气候特征，将部分硬质地面改造为透水铺装；对原下凹式绿地进行微地形改造，适当增高部分绿地，营造起伏错落的景观，并在其中设置转输型草沟，引导径流进入下凹式绿地；保留部分下凹式绿地以蓄积雨水，但在保留的下凹式绿地中增加了雨水花园和促渗空间、解决长期积水的问题，雨水花园和促渗空间占下凹式绿地的比例不小于6%。见图 2.1-14。

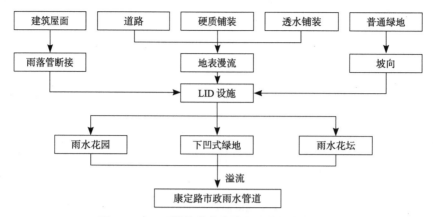

图 2.1-14 同德佳苑海绵城市方案技术流程图

（4）总体布局

根据同德佳苑各汇水分区所需控制容积和分区下垫面情况，合理布置 LID 设施。屋面及硬质铺装雨水优先进入下凹式绿地、雨水花园和雨水花坛等设施，原小区内部道路雨水口延伸至 LID 设施内，将普通雨水口改为溢流雨水口，超标雨水通过盲管或溢流口收集后排放至雨水管道。见图 2.1-15。

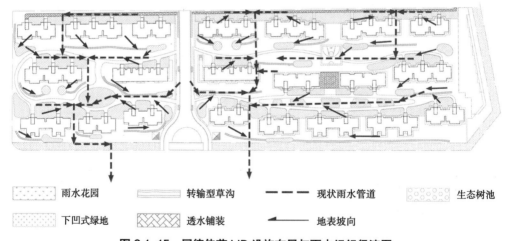

图 2.1-15 同德佳苑 LID 设施布局与雨水组织径流图

2.1.3.4 分区详细设计

以同德佳苑内 1# 子汇水区为典型单元，对该汇水分区内设施布局、调蓄容积进行计算。

（1）基本情况

1# 子汇水区下垫面主要为建筑和绿化，绿化率 >60%，海绵改造条件较好。现状将绿化全部下沉，对屋面雨水径流进行收集处理。因下凹式绿地未考虑土壤的渗透性，导致 LID 设施存在积水、植物长势差，景观效果不佳。见图 2.1-16。

图 2.1-16　LID 设施现状图

（2）改造方法

见图 2.1-17。

① 将建筑北边的步道改造为透水铺装；

② 将北侧被出户道路分隔的下凹式绿地保留，接纳屋面雨水。下凹式绿地中局部换填、促渗，确保蓄积雨水 24h 内排空；

③ 其他绿地调整微地形进行景观提升，绿地中用转输型草沟引导径流至雨水花园蓄积、下渗、净化。

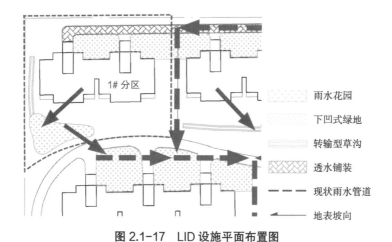

图 2.1-17　LID 设施平面布置图

（3）调蓄容积试算与达标评估

根据《海绵城市建设技术指南（试行）》，同德佳苑实施海绵城市改造后各种下垫面雨量径流系数参考值见表 2.1-3。

下垫面组成及径流系数　　　　　　　　　　表 2.1-3

下垫面类型	面积（m²）	雨量径流系数
建筑屋面	10881	0.9
硬质地面	4291	0.9
透水铺装	730	0.4
下凹式绿地	2901	1
雨水花园	1245	1
原生态滤沟保留	58	1
雨水花坛	36	1
保留绿地	19624	0.15
总计	39669	0.52

1# 子汇水区采用的雨水设施主要为雨水花园、下凹式绿地、透水铺装和转输型草沟。经计算 1# 子汇水区需控制容积 11.77m³，实际可以控制容积为 36.10m³。见表 2.1-4。

1# 子汇水区 LID 设施控制容积计算表　　　　　表 2.1-4

编号	设施类型	面积（m²）	设计参数	实际控制容积 V（m³）	
				算法	数值
1	雨水花园	99	蓄水深度 0.2m，换植土层厚 0.35m，碎石层厚 0.4m	VX = A ×（蓄水深度 ×1+ 换植土层厚度 ×0.2+ 碎石层厚度 ×0.3）× 容积折减系数	29.80
2	下凹式绿地	70	蓄水深度 0.15m		6.30
3	透水铺装	68	仅参与综合雨量径流系数计算		0.00
合计					36.10

2.1.3.5　典型设施节点设计

（1）下凹式绿地

下凹式绿地适用于蓄滞、净化雨水。通过调整路面、绿地、雨水口高程关系，使下凹式绿地底的标高低于周边道路标高或者绿地标高，道路、建筑等不透水区域的雨水径流优先流入下凹式绿地。在设计区域内设置多处下凹式绿地，内设溢流雨水口，溢流雨水口低于道路 10cm，高于下凹式绿地底面 15cm。

小区下凹式绿地主要布置在绿化面积较小、地下管线较多等不适宜大面积换填区域，为防止蓄积雨水，滋生蚊虫，进行局部换填，换填比例5%～10%，换植土层和碎石层同雨水花园。见图2.1-18。

图 2.1-18　下凹式绿地示意图及剖面图

（2）雨水花园

雨水花园底部坡度较小，或者为平坡，一般长度不大于30m。雨水花园底部结构分为覆盖层、换植土层、碎石层三部分。覆盖层位于土壤表层，有助于保持土壤水分，并提供了适合土壤生物群生存的环境。覆盖物由碎树皮、木屑或陶粒组成，不含其他杂质，厚度为50～75mm。换植土层土壤厚度为35cm，下渗率不小于70～100mm/h，TSS去除率不小于75%，有机质LOI2.5%～3.5%，pH5.5～6.5。碎石层厚度为40cm，上层砾石（厚5cm）粒径采用5～15mm，余下部分碎石层粒径采用30～50mm。雨水花园低点位置处设置溢流雨水口。碎石层内设置盲管，盲管就近接入溢流雨水口/井。见图2.1-19。

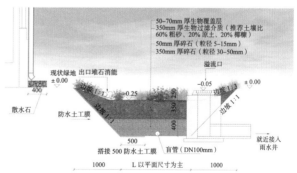

图 2.1-19　雨水花园示意图及剖面图

（3）透水铺装

透水铺装是典型的通过降低不透水面积比例而对径流进行调控的 LID 设施，能使暴雨径流在很短的时间内入渗至更深的土壤中。透水铺装底部敷设排水盲管，就近接入附近雨水口／井。见图 2.1-20。

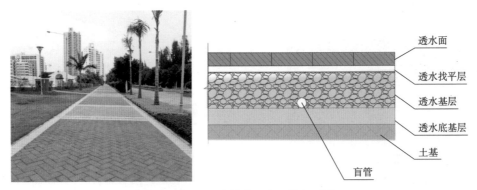

图 2.1-20　透水铺装示意图及剖面图

（4）雨水花坛

　　雨水花坛结构分为覆盖层、换植土层和碎石层三部分，其中覆盖层厚度 50-70mm，换植土层厚度 400mm，碎石层厚度 300mm，碎石层中设有 DN100 软式透水管。雨水花坛一般设置在人行道，需要混凝土挡墙提供结构支撑。为防止雨水渗透至道路路基，雨水花坛底部应采取防渗措施。溢流雨水口高于雨水花坛底 10cm。见图 2.1-21。

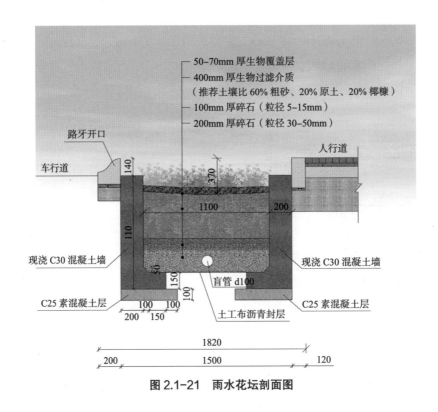

图 2.1-21　雨水花坛剖面图

（5）转输型草沟

转输型草沟主要作用为传输径流，将屋面和道路雨水径流导流至雨水花园集中处理。转输型草沟底部不需换土，坡度基本同道路坡度。种植高度为 35 ~ 50mm 左右的常绿草皮。见图 2.1-22。

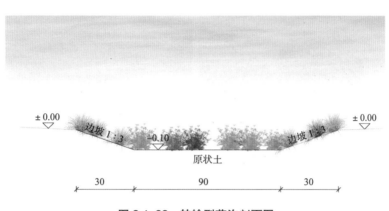

图 2.1-22 转输型草沟剖面图

2.1.3.6 景观提升建议

（1）合理设置小区微地形

合理设置小区景观地形，根据起伏的微地形，在保证满足 LID 设施建设要求的前提下，实现高低错落。见图 2.1-23。

图 2.1-23 下凹微地形

（2）增强溢流井景观效果

以溢流井为中心，在 30 ~ 60cm 半径范围内，铺设卵石消能，防止雨水冲刷将泥土带入溢流井。同时丰富溢流井周边的花灌植物，增强景观效果。见图 2.1-24。

图 2.1-24　溢流井景观效果图

（3）在景观种植上将 LID 设施与常规绿地合理区分

雨水花园的种植以花灌木和色叶植物为主；下凹式绿地建议草皮搭配河卵石，也可种植合适的植物；转输型草沟的植物选择以观赏草为主，可结合卵石设计防止单调。

通过对周边植被的统筹整合，在景观种植上将 LID 设施与常规绿地合理区分，达到提升小区景观效果的目的。见图 2.1-25。

图 2.1-25　LID 设施中的景观种植示意图

2.1.3.7　达标分析

（1）年径流总量控制率

本次改造保留原生态滤沟，优化下凹式绿地，新增雨水花园、雨水花坛和透水铺装，其中雨水花园不仅在上部提供蓄水体积，下部的换植土及底部砾石空隙也有一定的蓄水能力；下凹式绿地实际控制容积仅考虑表层蓄水 0.15m。见表 2.1-5。

LID 设施控制规模计算表　　　　　　　　　　　表 2.1-5

LID 类型	面积（m²）	单位面积调蓄体积（m³）	折减系数
下凹式绿地	2901	0.15	0.60
雨水花园	1245	0.43	0.70
生态滤沟	58	0.30	0.80
雨水花坛	36	0.30	0.80
透水铺装	730		

按照 1# 子汇水区控制容积计算方法，分别计算了全部 26 个子汇水区的需控制容积及实际控制容积。详见表 2.1-6，表 2.1-7。

各子汇水区需控制容积计算表　　　　　　　　　表 2.1-6

子汇水区编号	区域面积（m²）	建筑屋面（m²）	硬质面积（m²）	透水铺装（m²）	保留绿地面积（m²）	控制后综合雨量径流系数	需控制容积（m³）
1	1362	355		68	770	0.45	11.77
2，3	3493	874		203	1900	0.47	31.52
4	2545	528	362		1320	0.51	24.92
5	1950	473	278		1041	0.49	18.35
6	1003	296	50		406	0.60	11.55
7	1280	340			829	0.41	10.08
8	682	165			494	0.35	4.58
9	1293	390			746	0.46	11.42
10	450		450		0	0.98	8.47
11	446		446		0	0.93	7.96
12	1036		1036		0	0.88	17.50
13	1805	723	38	130	679	0.57	19.75

续表

子汇水区编号	区域面积（m²）	建筑屋面（m²）	硬质面积（m²）	透水铺装（m²）	保留绿地面积（m²）	控制后综合雨量径流系数	需控制容积（m³）
14	2177	728	190	90	955	0.54	22.57
15	2172	728	65	84	1023	0.52	21.69
16	1660	493	95	65	857	0.48	15.30
17	2087	755	308		662	0.65	26.05
18	1835	500	255	90	900	0.49	17.26
19	670	170	230		104	0.78	10.03
20	1423	500	300		311	0.73	19.94
21	2461	920	188		993	0.59	27.88
22	3425	1035			2328	0.38	24.99
23	1791				1791	0.15	5.16
24	803	256			455	0.47	7.25
25	985	326			580	0.45	8.51
26	835	326			405	0.53	8.50
合计	39669	10881	4291	730	19549	0.52	393.00

各子汇水区的控制率　　　　　　　　　　　表 2.1-7

子汇水区名称	子汇水区面积（m²）	实际控制容积（m³）	对应的雨量（mm）	年径流总量控制率
1	1362	36.10	58.90	98.60%
2，3	3493	69.02	42.04	96.50%
4	2545	47.03	36.23	95.50%
5	1950	24.77	25.92	90.50%
6	1003	29.76	49.46	97.20%
7	1280	18.85	35.92	95.40%
8	682	6.92	29.00	92.22 %
9	1293	28.06	47.17	96.80 %
10	450	13.92	31.56	93.24%
11	446	4.32	10.42	66.25%
12	1036	4.32	4.74	45.50%
13	1805	22.48	21.85	88.06%
14	2177	35.30	30.02	92.63%

子汇水区名称	子汇水区面积（m²）	实际控制容积（m³）	对应的雨量（mm）	年径流总量控制率
15	2172	52.75	46.71	96.50%
16	1660	31.86	39.98	95.80%
17	2087	57.06	42.06	96.30%
18	1835	27.09	30.13	92.56%
19	670	30.13	57.66	98.20%
20	1423	28.08	27.03	91.05%
21	2461	47.17	32.49	93.92%
22	3425	18.66	14.34	75.83%
23	1791	0.00	0.00	15.00%
24	803	8.28	21.94	87.04%
25	985	7.11	16.04	79.12%
26	835	9.36	21.15	86.26%
合计	39669	658.40	58.90	86.97%

根据地块控制率加权平均，同德佳苑年径流总量控制率 86.97% > 85.0%，满足指标考核要求。

（2）面源污染削减率

根据《海绵城市建设技术指南（试行）》：

面源污染（TSS）削减率 = 年径流总量控制率 × 低影响开发设施对 TSS 平均削减率。

本项目主要采用雨水花园、下凹式绿地和雨水花坛等削减 TSS，根据表 2.1-8 数据，本项目 LID 设施对 TSS 的平均削减率参照复杂型生物滞留设施的取值 85%，面源污染（TSS）削减率 = 73.70% > 60%，满足指标考核要求。

（3）SWMM 模型模拟分析

采用 SWMM 模型对 19.20mm 雨量对应的雨型和 50 年一遇 24h 降雨进行了模拟分析，核算达标情况。

①设计降雨控制能力核算

根据模型模拟结果，当降雨量不大于 19.20mm 时，项目的外排径流量为 0m³，满足控制目标中 85.0% 年径流总量控制率的要求。其中，传统模式径流峰值流量 q_1=30.86L/s，有 LID 径流峰值流量 q_2=0.03L/s，削峰径流量 Δq=30.83L/s。见图 2.1-26。

低影响开发设施相关信息表　　　　　　　　　　　　表 2.1-8

单项设施	功能					控制目标			处置方式		经济性		污染物去除率（以SS计）	景观效果
	集蓄利用雨水	补充地下水	削减峰值流量	净化雨水	转输	径流总量	径流峰值	径流污染	分散	相对集中	建造费用	维护费用		
透水砖铺装	○	●	◎	◎	◎	●	◎	◎	√	—	低	低	80%~90%	—
透水水泥混凝土	○	○	◎	◎	◎	◎	◎	◎	√	—	高	中	80%~90%	—
透水沥青混凝土	○	○	◎	◎	◎	◎	◎	◎	√	—	高	中	80%~90%	—
绿色屋顶	○	○	◎	◎	○	●	◎	◎	√	—	高	中	70%~80%	好
下沉式绿地	○	●	◎	◎	◎	●	◎	◎	√	—	低	低	—	一般
简易型生物滞留设施	○	●	◎	◎	○	●	◎	◎	√	—	低	低	—	好
复杂型生物滞留设施	○	●	◎	●	○	●	◎	●	√	—	中	低	70%~95%	好
渗透塘	○	●	◎	◎	○	●	◎	◎	—	√	中	中	70%~80%	一般

注：摘自《海绵城市建设技术指南（试行）》住房和城乡建设部 2014 年。

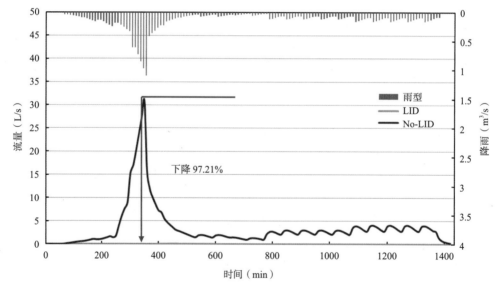

图 2.1-26　LID 设施改造前后径流控制对比分析

②50 年一遇暴雨控制能力分析

模拟结果显示，同德佳苑实施 LID 设施后，在 50 年一遇 24h 降雨雨型下，传统模式径流峰值流量 q_1=474.03L/s，有 LID 径流峰值流量 q_2=179.78L/s，削峰流量 Δq=294.25L/s，下降 62%；径流总量削减 40%，滞峰时间 Δt=10min。见图 2.1-27。

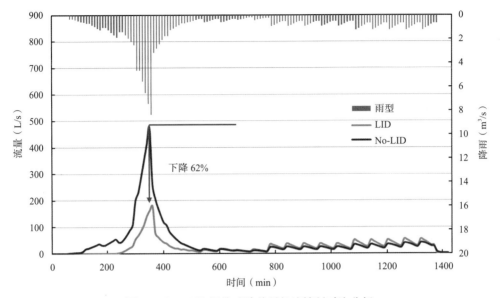

图 2.1-27　LID 设施改造前后径流控制对比分析

雨重现期 P=50 年，检查井溢流情况分析，见图 2.1-28。

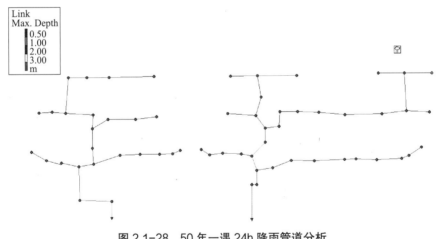

图 2.1-28　50 年一遇 24h 降雨管道分析

本项目采取 LID 设施后，能够满足 50 年防涝要求，检查井未出现溢流现象。

2.1.4　建成效果

2.1.4.1　工程投资

本工程估算编制范围包括项目设计范围内的雨水花园、下凹式绿地、透水铺装、雨水花坛、盲管、溢流雨水口等。见表 2.1-9。

同德佳苑 LID 工程造价明细表

表 2.1-9

序号	项目	单位	数量	综合单价（元）	工程造价（万元）
1	方形溢流井盖	座	72	1000	7.2
2	FH100 盲管	m	735	50	3.68
3	雨水花园	m²	1245	420	52.29
4	下凹式绿地	m²	2091	170	35.55
5	转输型草沟	m²	785	170	13.35
6	透水铺装	m²	730	350	25.55
7	雨水花坛	个	4	3000	1.2
	工程造价				138.81

说明：造价仅统计 LID 设施部分，LID 设施未涉及或对原有景观和管道系统未造成影响部分，不在本次统计范畴

由于缺少当地工程建设的具体资料和造价数据，本方案 LID 设施的投资估算经济指标参照《海绵城市建设技术指南（试行）》。

2.1.4.2 效益分析

同德佳苑通过设置 LID 设施改造后，综合实现了景观、生态、环境及排水安全等多重效益。

（1）当降雨量不大于 19.20mm 时，项目的外排径流量为 0，削峰径流量 30.83L/s，满足控制目标中 85.0% 年径流总量控制率的要求。在 50 年一遇 24h 降雨雨型下，径流总量削减 40%，径流峰值削减 62%，峰现时间滞后约 10min。一定程度上降低了下游管网的排水压力。

（2）年径流总量控制率经测算可达 86.97%，对雨水径流污染物（以 TSS 计）的有效削减率可达到 73.7%，能够降低对下游水系的污染输入。

（3）通过介质土换填、组织雨水导流、集中处理，并设置防渗措施，有效解决了表层粉质黏土、黏质粉土下渗性能差的问题；同时有效避免了湿陷性黄土地质条件下雨水下渗对建筑物基础、地下构筑物、管线的不利影响。

（4）经过改良的换填土壤，有效提高了土壤持水能力和湿度，减少了灌溉浇洒频次，降低了植物选配对耐淹时长的要求，扩大了雨水设施内适用植物的选择范围。

（5）通过地形塑造和植物配置，改善和提升了小区居住环境和景观效果。

2.1.4.3 竣工实景照片

见图 2.1-29 ~ 图 2.1-31。

图 2.1-29　雨水花园改造前后对比

图 2.1-30　下凹式绿地改造前后对比

图 2.1-31　雨水花坛改造前后对比

2.2　长沙长郡斑马湖中学海绵建设项目

用地类型：公建用地

项目位置：湖南省长沙市望城区

项目占地：9.34hm²

建成时间：2018年9月

2.2.1　项目概况

斑马湖中学位于湖南省长沙市望城区，长沙市望城区是湖南省首批海绵城市建设试点之一。项目用地面积93410m²。包括教学楼、科技楼、行政楼、体艺楼、食堂、学生宿舍、教师周转用房及操场等，均为多层建筑。见图2.2-1。

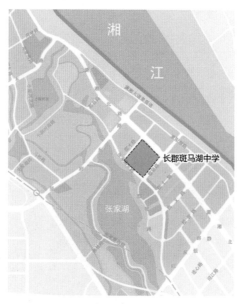

图2.2-1　项目区位图

2.2.1.1　气象与水文地质条件

望城区隶属湖南省长沙市，滨临湘江。属亚热带季风湿润区，气候温和，雨量丰富，年平均气温17℃，年平均降雨量1423.1mm。降水量年内分配不均，春季降水量和降水频率最高，多阴雨；夏季降水强度最大，多暴雨。降雨主要集中在 4 ~ 6 月，其中 6 月份最多。根据长沙市 1961 ~ 2012 年降雨资料显示，近 10 年以来，长沙降雨波动较大，干旱和洪涝等极端天气事件发生频率不断提高，旱涝灾害频繁。见图 2.2-2，图 2.2-3。

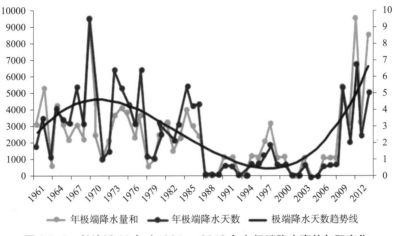

图 2.2-2　长沙近 50 年（1961 ~ 2012 年）极端降水事件年际变化

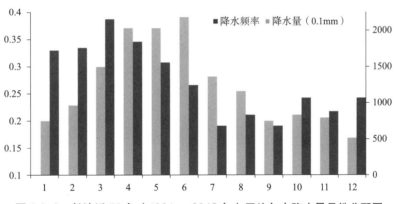

图 2.2-3　长沙近 50 年（1961 ~ 2012 年）平均年内降水量月份分配图

　　拟建场地位于离湘江西岸大堤中线约 350m。原始地貌单元属湘江冲积阶地。该段湘江西岸堤顶标高约 36m。拟建场地地层由人工填土层、耕土层、第四系湖积层、第四系冲积层、第四系残积层及燕山期花岗岩组成。场地内地下水主要赋存于粉细砂、圆砾中，地下水与湘江水形成了互补关系。

2.2.1.2　场地条件

（1）用地类型

　　下垫面类型包括建筑屋面、小区道路、硬质铺装、绿地、水系等，其中绿地占比约 30%，综合雨量径流系数约 0.60。

长郡斑马湖中学地下车库主要位于项目东南角学校主入口至体艺馆之间，面积7835m²（图中蓝线范围），地下车库顶板覆土为1.1m。见图2.2-4，表2.2-1。

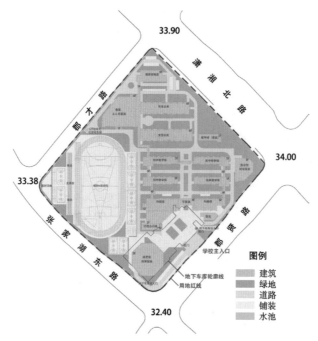

图 2.2-4　长郡斑马湖中学下垫面分析图

长郡斑马湖中学下垫面统计　　　　　　　　　　　　　　表 2.2-1

项目	面积（m²）	比例	径流系数
建筑物	21180	22.7%	0.8
道路	8857.6	9.5%	0.85
硬质铺装	32973.74	32.2%	0.8
绿地	30111.06	35.3%	0.15
水体	287.6	0.3%	1
合计	93410	100%	0.57

（2）场地竖向

本工程采用黄海高程系统。设计范围内地形整体北高南低、东西高中间低，地面标高在32.45～33.50m。学校东北侧、西南侧较外侧道路低，其中西侧运动场地区域地面标高为32.60m，为校园内地势最低区域。另外，学校西侧郡才路和东侧郡贤路各有一处道路低点，地面标高为32.30m和31.80m。见图2.2-5。

（3）排水管道系统

本项目排水采用雨污分流制。雨水管道系统已经设计完成，设计重现期标准为3

年一遇，雨水分散排入郡贤路、郡才路、张家湖东路市政雨水管道。海绵设计对原有管道系统不作改动，仅适当调整雨水口的位置及形式。见图 2.2-6。

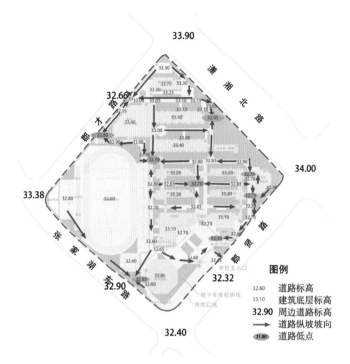

图 2.2-5 长郡斑马湖中学竖向分析图

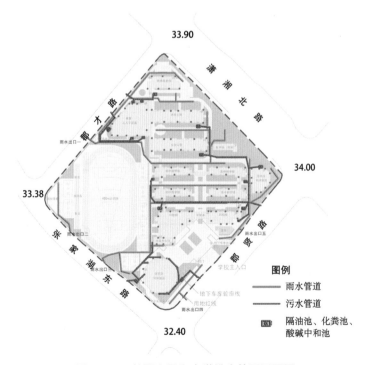

图 2.2-6 长郡斑马湖中学排水管网平面图

（4）雨水立管与消防环道

建筑屋面雨水由 87 型雨水斗收集、经 PVC-U 排水立管外排，项目范围内共有雨落管 118 根。

根据规划总平图，沿教学楼四周布置消防环道，消防车道最小净宽 4.00m，转弯半径 12.00m。海绵设施布置应避开消防环道、消防登高场地。见图 2.2-7。

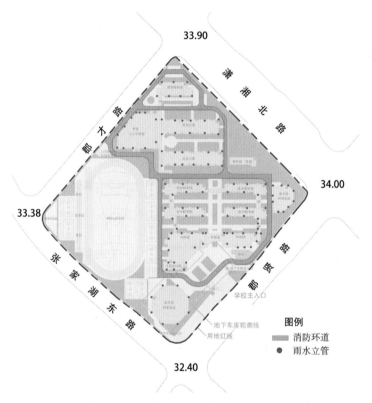

33.90

34.00

33.38

32.40

图例
消防环道
雨水立管

图 2.2-7　长郡斑马湖中学雨水立管和消防环道布置情况图

（5）周边水系情况

项目西南侧紧邻张家湖，是本项目雨水的受纳水体。张家湖地处大泽湖的下游，东湖的上游，该流域现状地面标高在 28 ～ 36m 左右。张家湖段水面现状标高 28.4m，根据相关设计，张家湖规划常水位标高为 29.3m，最高水位为 30.4m。

项目东北侧约 350 ～ 400m 处为湘江，湘江防洪堤堤顶标高 36m，湘江年平均水位 29.48m。

2.2.1.3　需求分析

（1）场地开发建设时，应维持其原有的水文生态特征，满足上位规划要求的径流总量控制率；

（2）地块建设时，应削减面源污染负荷，减少进入下游张家湖的污染物，保护张家湖水体水质；

（3）通过海绵设施的"渗、滞、蓄"，起到削峰缓排的作用，提高区域排水防涝能力；

（4）协调落实绿建的相关要求，提高雨水的资源利用能力。

2.2.2 设计目标

（1）年径流总量控制率的目标：根据《望城区海绵城市专项规划》，本项目年径流总量控制率需达到 83.3%，对应的设计降雨量 33.84mm，见图 2.2-8。

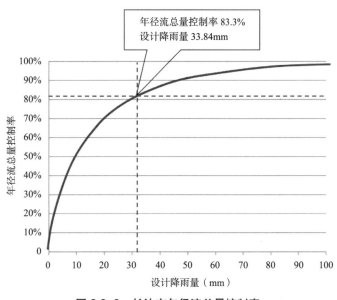

图 2.2-8 长沙市年径流总量控制率

（2）面源污染削减目标：面源污染（以 TSS 计）削减率达 62.3% 以上；

（3）内涝防治标准：有效应对 50 年一遇暴雨，确保建筑物的底层不进水。

2.2.3 工程设计

2.2.3.1 设计流程

首先对降雨条件等进行分析，根据学校用地、竖向和管网情况，划分子汇水区。按照子汇水区核算径流控制量和设施规模，通过雨水转输设施实现相邻汇水区之间的转输调配，采用低影响开发设施和传统雨水管道相结合的方式，共同组成完整的工程技术体系。见图 2.2-9。

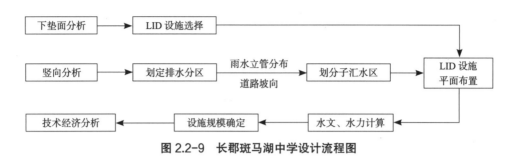

图 2.2-9 长郡斑马湖中学设计流程图

2.2.3.2 设施选择

本项目是中学，绿化较多，景观要求高。在绿地中结合景观布置下凹式绿地和雨水花园等生物滞留设施，不仅可以对雨水径流进行控制，还可以丰富景观；结合多层建筑平屋顶设置绿色屋顶，既能削减部分径流量，也能为建筑降温、美化环境。将人行路面设置成透水铺装，可以做到"小雨不湿鞋"，提高行走的舒适度。

作为学校项目，地势又较周边低，要尽可能利用渗排沟、雨水池等雨水促渗、调蓄设施滞留、蓄积雨水，提高防涝安全。

因此，本项目主要选择了透水路面、绿色屋顶、下凹式绿地、生物滞留设施（雨水花园、雨水花坛、高位花坛）、渗排空间、雨水回用池等。

（1）透水路面

透水路面是典型的通过降低不透水面积比例而对径流进行调控的 LID 措施，能使暴雨径流在很短的时间内入渗至更深的土壤中。透水路面主要分为两种类型，透水铺装和透水混凝土。透水铺装主要用于停车位和人行铺装路面；透水混凝土主要用于车行路面。见图 2.2-10。

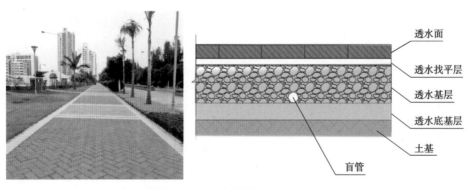

图 2.2-10 透水铺装示意图及剖面图

（2）绿色屋顶

绿色屋顶主要布置在可上人屋面平屋顶上。通过植被层拦截、蓄滞一部分雨水，降低径流系数。一般绿色屋顶可以布置在低层建筑顶部，提高高层建筑的视觉享受，美化环境。见图 2.2-11。

图 2.2-11　绿色屋顶

（3）下凹式绿地

和普通绿地相比，下凹式绿地通过凹陷空间积蓄绿地本身和周围地面汇集而来的雨水径流。下凹深度需根据换植土壤的渗透性来确定，一般为 100 ~ 200mm。见图 2.2-12。

图 2.2-12　下凹式绿地

（4）雨水花园、雨水花坛、高位花坛

雨水花园是一个既能够美化环境，又能够净化雨水的 LID 设施，一般设置在地势较低的区域，主要通过土壤和植被的联合过滤作用净化雨水，也能利用雨水滞留让雨水慢慢渗透进土壤，从而减小径流量。雨水花园中一般均设置溢流雨水口，超过设计标准的溢流雨水通过雨水口，排至雨水管道系统。见图2.2-13。

图2.2-13　雨水花园

　　与雨水花园结构类似的还有雨水花坛和高位花坛。南侧停车位外结合景观布置雨水花坛，花坛表面标高低于周边20cm，外侧砖砌；图书馆等绿化空间较窄的区域结合雨水立管位置布置高位花坛，高位花坛高于周边地面60cm，主要用于消纳雨水立管出水。见图2.2-14。

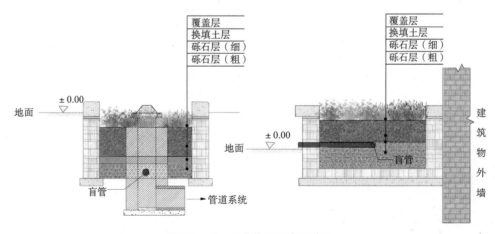

图2.2-14　雨水花坛和高位花坛

（5）渗排空间

　　学校足球场设计为透水足球场，足球场面层透水，另外通过两侧卵石盲沟促渗，用于消纳足球场本身的径流雨水。通过足球场底部的卵石层间隙储水，超过储水深度的雨水通过间隔分布的盲管外排至操场内环排水沟外排。渗排空间提高了下渗雨水总量，有效利用了下部卵石层中卵石的间隙，提高了雨水的调蓄能力。见图 2.2-15。

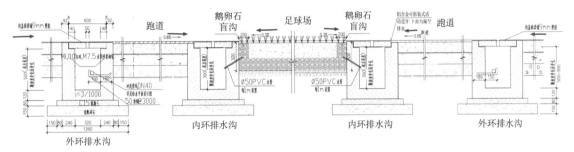

图 2.2-15 渗排空间

（6）雨水回用池

项目中雨水回用池布置在管网的末端，回用雨水替代自来水用于绿化浇灌和道路冲洗。雨水回用池主要有钢筋混凝土回用池和 PP 模块式回用池。见图 2.2-16。

图 2.2-16 雨水回用池

2.2.3.3 总体方案设计

（1）设计调蓄容积计算

根据长郡斑马湖中学用地类型和规模，参照《长沙市望城区海绵城市专项规划》中各种下垫面雨量径流系数参考值，计算项目区域雨量综合径流系数，约为 0.60，则项目设计调蓄容积须不小于 1722.40m³。

（2）子汇水区划分

为了保证各海绵设施高效发挥控制雨水的作用，根据项目场地条件、地形竖向及管网情况，将项目地块划分为 5 个排水分区、共 25 个子汇水区（其中，项目围墙外又在红线内部分单列一个子汇水区），每一个子汇水区计算控制容积。见图 2.2-17，图 2.2-18，表 2.2-2。

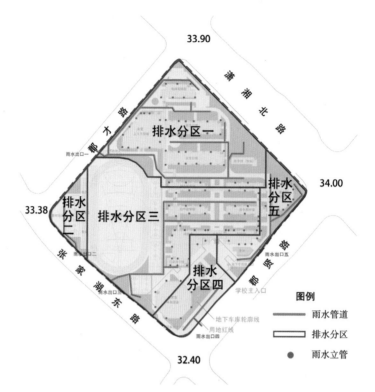

图 2.2-17　长郡斑马湖中学排水分区划分

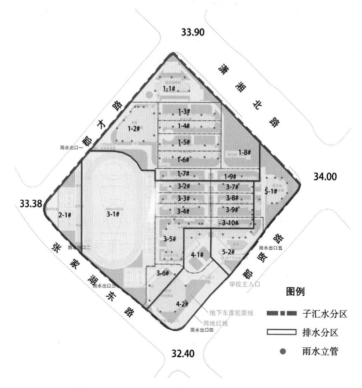

图 2.2-18　长郡斑马湖中学子汇水区划分

各子汇水区面积　　　　　　　　　　　　　　　　表 2.2-2

排水分区编号	排水分区面积（m²）	子汇水区名称	子汇水区面积（m²）	排水分区编号	排水分区面积（m²）	子汇水区名称	子汇水区面积（m²）
排水分区一	30100	1-1#	5516	排水分区三	38331	3-1#	22073
		1-2#	6868			3-2#	1666
		1-3#	2815			3-3#	1479
		1-4#	2041			3-4#	1845
		1-5#	2668			3-5#	4108
		1-6#	2709			3-6#	2206
		1-7#	1654			3-7#	1282
		1-8#	4389			3-8#	1131
		1-9#	1440			3-9#	1401
排水分区二	4689	2-1#	4689			3-10#	1140
排水分区四	9447	4-1#	2799	排水分区五	9171	5-1#	5050
		4-2#	6648			5-2#	4121
围墙外红线内部分				1672			

（3）设施选择与工艺流程

本项目占地总面积 93410m²，均为多层建筑。其中，建筑物屋面面积 21623m²，硬质道路及铺装面积 41861m²。结合项目的用地性质、竖向和场地特点，在区域内布置透水混凝土路面、透水铺装、绿色屋顶、下凹式绿地、雨水花园、雨水花坛、高位花坛、雨水回用池、景观水池和渗排空间等海绵设施。

① 透水路面

园路、教学楼之间铺装采用人行透水铺装；室外停车位采用车行透水铺装；消防环道采用透水混凝土路面。见图 2.2-19。

② 屋面面积在硬质面积中的占比较大。结合建筑设计，将校园内教学楼之间连廊、食堂、图书馆及科技楼与行政楼之间的 1 层建筑设计为绿色屋顶。

图 2.2-19　建议停车位布置示意图

③ 项目南侧体艺馆附近区域地下为大底盘车库，车库顶板覆土较浅，地下车库范围线内仅布置下凹式绿地、透水铺装及高位花坛，雨水花园等生物滞留设施和雨水回用池布置在大底盘车库以外的区域。

④ 图书馆等区域结合景观在建筑周围布置雨水花坛，用于净化和控制雨水立管出水。

⑤ 在操场南侧，大底盘车库之外布置一座雨水回用池，收集的雨水用于绿化浇洒和道路冲洗。

⑥ 学校主入口东北侧有一处景观水池，区域雨水收集与景观水池补水结合考虑，以加强雨水利用，节约优质自来水资源。

⑦ 本项目为学校，西南侧运动塑胶场地占硬质地面比例较高。操场表层采用透水混凝土，底部设 15cm 级配碎石层，与操场内环排水沟形成渗排一体化空间，削减地表径流及面源污染。运动场地标高低于校园内其他区域和外侧张家湖东路，暴雨时可以蓄积部分涝水，缓解下游城市道路的防涝压力。

方案技术流程图如图 2.2-20 所示。

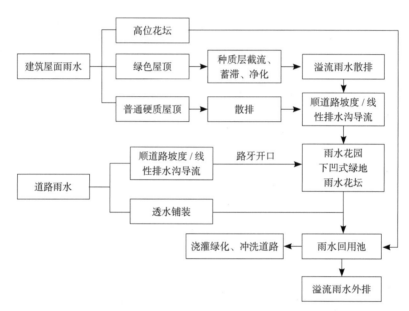

图 2.2-20　长郡斑马湖中学海绵城市方案技术流程图

（4）总体布局

本项目共采用透水混凝土道路 6929.3m²，透水铺装 6427.7m²，绿色屋顶 5490.3m²，下凹式绿地 425.5m²，雨水花园 4867.4m²，雨水花坛 431m²，高位花坛 92.4m²，渗排空间 8663.9m²，雨水回用池 220m³。见图 2.2-21。

小雨时，绿色屋顶的雨水通过植被层截流、净化，溢流雨水或普通建筑屋顶的雨水通过雨水立管散排，线性排水沟导流至建筑周围的 LID 设施中进行蓄滞、净化、下渗，超标雨水通过盲管或溢流口收集后外排；道路雨水通过设置在路边的线性排水沟或者自流排入 LID 设施中，当降雨量超过设计雨量时，LID 设施中的雨水溢流至雨水管网。

传统的学校操场区域硬质面积占比高，产生的径流量大。本项目将操场足球场面层设置为透水性面层，并利用足球场周边的鹅卵石盲沟促渗。有效利用操场下部的碎石层空间，让足球场充分"蓄、渗"，超过调蓄能力的雨水排入内环排水沟，极大地减少了操场区域外排的径流量。

在排水分区三管网末端，即操场南侧设置一座 220m³ 的雨水回用池，回用雨水用于绿化浇灌和道路冲洗。

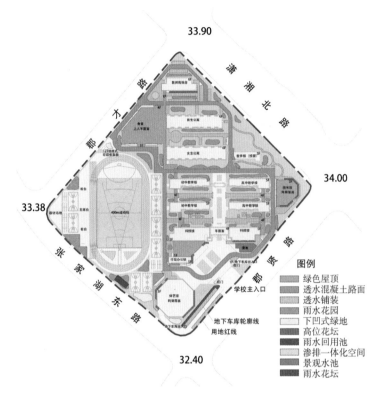

图 2.2-21　长郡斑马湖中学 LID 设施布局图

2.2.3.4　分区详细设计

以项目内 5-2# 子汇水区为典型单元，对该汇水分区内海绵设施进行合理布局。详见图 2.2-22。

（1）海绵设施布局

5-2# 子汇水区包括半幅屋面、车行路面、宅前铺装、绿化，另有一处景观水池，分区内绿化率较低。

① 将建筑南侧人行步道设为透水铺装，车行道布置为透水混凝土路面，减少不透水区域的面积，降低径流系数；

② 结合景观微地形设计，在竖向较低点布置雨水花园，接纳屋面雨水；

③ 结合景观水池布置，海绵设施溢流雨水优先用于补充景观水池。

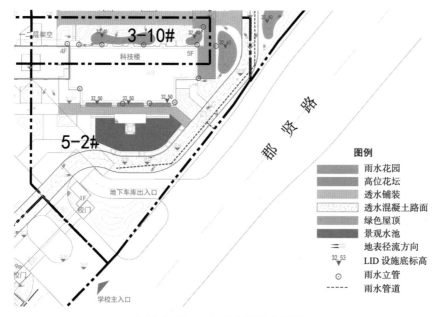

图2.2-22　LID设施平面布置图

（2）调蓄容积试算与达标评估

5-2#子汇水区采用的雨水设施主要为绿色屋顶、透水铺装、透水混凝土、雨水花园、高位花坛，另有景观水池对部分雨水进行回用。根据《海绵城市建设技术指南（试行）》的雨量径流系数，经计算5-2#子汇水区需控制容积78.47m³，结合景观水池补水，实际可以控制容积为80.88m³。见表2.2-3。

分区LID设施控制容积计算表　　　　　　　　　　　　　　　　表2.2-3

编号	设施类型	面积（m²）	设计参数	实际控制容积 V（m³）	
				算法	数值
1	雨水花园	81.6	蓄水深度0.2m，换植土层厚0.5m，碎石层厚0.4m	VX＝A×（蓄水深度×1＋换植土层厚度×0.2＋碎石层厚度×0.3）×容积折减系数	16.79
2	景观水池补水	287.6	根据水量平衡计算，调蓄容积50m³		50
3	透水铺装	150.3	仅参与综合雨量径流系数计算		0
4	绿色屋顶	71.5	仅参与综合雨量径流系数计算		0
5	透水混凝土	456.5	仅参与综合雨量径流系数计算		0
6	高位花坛	38.3	蓄水深度0.2m，换植土层厚0.3m，碎石层厚0.36m		14.09
合计					80.88

2.2.3.5 达标分析

（1）综合雨量径流系数计算

按照 5-2# 子汇水区控制容积计算方法，分别计算了全部 25 个子汇水区的需控制容积及实际控制容积。见表 2.2-4、表 2.2-5。

各子汇水区需控制容积计算表　　　　　　　　　　　　　　表 2.2-4

排水分区编号	子汇水区名称	子汇水区面积（m²）	总屋面面积（m²）	原路面面积（m²）	原铺装面积（m²）	总绿化面积（m²）	水池面积（m²）	雨量径流系数	需控制容积（m³）
排水分区一	1-1#	5381.3	994	1117.3	1325.8	1944.2	0	0.42	100.2
	1-2#	6868	3226	1437	15.44	2189.56	0	0.42	134.0
	1-3#	2815	954	348.7	354.7	1157.6	0	0.49	49.1
	1-4#	2041	944	254.1	254.1	588.8	0	0.55	40.9
	1-5#	2668	970	65.5	475.3	1157.2	0	0.52	44.8
	1-6#	2709	1132	375.6	9.6	1191.8	0	0.51	45.7
	1-7#	1654	494	374	127.1	658.9	0	0.51	29.6
	1-8#	4389	0	411.8	878.7	3098.5	0	0.31	49.1
	1-9#	1440	438	258.2	127.1	616.7	0	0.56	24.7
排水分区二	2-1#	4689	949	0	2545	1195	0	0.78	96.2
排水分区三	3-1#	22073	0	0	19856	2217	0	0.84	524.6
	3-2#	1666	529	94	397.6	645.4	0	0.52	29.7
	3-3#	1479	482	82.8	335.9	578.3	0	0.54	26.3
	3-4#	1845	474	104	524.8	742.2	0	0.47	32.3
	3-5#	4108	2041	497.7	583.7	985.6	0	0.54	86.4
	3-6#	2206	926	147.3	306.5	826.2	0	0.73	40.0
	3-7#	1282	428	0	360.5	493.5	0	0.54	22.8
	3-8#	1131	406	0	275.5	449.5	0	0.56	19.8
	3-9#	1401	357	0	395.3	648.7	0	0.43	22.6
	3-10#	1140	477	0	332.2	330.8	0	0.53	22.5
排水分区四	4-1#	2799	785	167.7	961.5	884.8	0	0.64	54.1
	4-2#	6648	1892	1682	1029.1	2044.9	0	0.68	131.8
排水分区五	5-1#	5050	1419	738.6	584.7	2307.7	0	0.32	83.4
	5-2#	4121	863	701.3	917.6	1351.5	287.6	0.60	78.5
围墙外红线内部分		1806.7	0	0	0	1806.7	0	0.15	8.8
合计		93410	21180	8857.6	32973.74	30111.06	287.6	0.59	1801.7

各子汇水区的控制率 表 2.2-5

排水分区编号	排水分区面积（m²）	子汇水区名称	子汇水区面积（m²）	调蓄体积（m³）	对应雨量（mm）	年径流总量控制率
排水分区一	30100	1-1#	5516	78.41	33.55	83.09%
		1-2#	6868	83.13	28.78	79.51%
		1-3#	2815	52.89	38.60	86.22%
		1-4#	2041	35.19	31.34	81.48%
		1-5#	2668	53.79	38.52	86.18%
		1-6#	2709	50.22	36.20	85.00%
		1-7#	1654	32.31	38.30	86.07%
		1-8#	4389	43.22	32.10	82.93%
		1-9#	1440	38.48	47.74	91.10%
排水分区二	4689	2-1#	4689	139.33	37.89	85.86%
排水分区三	38331	3-1#	22073	661.77	35.80	85.62%
		3-2#	1666	34.99	40.20	87.03%
		3-3#	1479	34.37	42.92	88.40%
		3-4#	1845	35.40	40.99	87.43%
		3-5#	4108	73.37	33.18	82.82%
		3-6#	2206	53.52	33.42	83.00%
		3-7#	1282	29.64	42.75	88.31%
		3-8#	1131	22.64	35.82	84.73%
		3-9#	1401	16.05	26.73	77.51%
		3-10#	1140	18.93	31.22	81.40%
排水分区四	9447	4-1#	2799	13.61	7.64	45.18%
		4-2#	6648	69.47	15.40	61.94%
排水分区五	9171	5-1#	5050	62.35	38.37	86.10%
		5-2#	4121	87.03	35.19	80.88%
围墙外红线内部分	1672		1672			85.00%
合计	93410		93410	1924.28	33.84	83.57%

根据加权平均法计算项目的年径流总量控制率为 83.57%＞83.3%，满足项目年径流总量控制率的要求。

（2）面源污染削减率

根据《长沙市望城区海绵城市建设技术导则》，各类海绵设施对于径流污染物的控制率应以实测数据为准，缺乏资料时，可按表 2.2-6 取值。

LID 设施的面源污染（TSS）削减率取值表　　　　表 2.2-6

单项设施	面源污染削减率（以 TSS 计）	单项设施	面源污染削减率（以 TSS 计）
透水砖铺装	80% ~ 90%	蓄水池	80% ~ 90%
透水水泥混凝土	80% ~ 90%	雨水罐	80% ~ 90%
透水沥青混凝土	80% ~ 90%	转输型植草沟	35% ~ 90%
绿色屋顶	70% ~ 80%	干式植草沟	35% ~ 90%
下凹式绿地	—	湿式植草沟	—
简易型生物滞留设施	—	渗管／渠	35% ~ 70%
复杂型生物滞留设施	70% ~ 95%	植被缓冲带	50% ~ 75%
湿塘	50% ~ 80%	初期雨水弃流设施	40% ~ 60%
人工土壤渗透	75% ~ 95%		

注：TSS 削减率数据来自美国流域保护中心的研究数据。

本项目设置多处下凹式绿地、雨水花园、透水铺装，各设施面源污染（TSS）削减率如表 2.2-7 所示。

LID 设施的面源污染削减率计算表　　　　表 2.2-7

LID 设施	控制容积（m³）	面源污染削减率（以 TSS 计）
下凹式绿地	29.79	—
雨水花园	1431.02	85%
雨水花坛	159.47	85%
高位花坛	34.00	85%
透水铺装（行人）	0	80%
透水铺装（行车）	0	80%
普通绿地	0	—
雨水回用池	220	90%
景观水池	50	90%
渗排空间	519.83	60%
平均值	—	80.18%

低影响开发设施组合对 TSS 的平均削减率 = [1431.02×85+159.47×85+34×85+（220+50）×90+519.83×60] /（1431.02+159.47+34+270+519.83）= 80.18%

面源污染（TSS）削减率 = 年径流总量控制率 × 低影响开发设施组合对 TSS 的平均削减率 =83.57 × 80.18=67.01% > 62.3%，满足面源污染削减的目标。

（3）排水防涝

本项目范围内存在部分道路竖向设计低点，主要通过在绿地中设置海绵设施滞蓄涝水。此外，校园内的东北侧局部区域和西南侧运动场地，标高都低于校外侧道路，设计利用校园东北侧低点附近设置的景观水体滞蓄涝水，西南侧的操场则设置为校园内的涝水临时蓄滞场所，暴雨时可保障学校整体防涝安全。

2.2.4 建设效果

2.2.4.1 工程投资

本工程估算范围包括项目设计范围内的雨水花园、下凹式绿地、雨水花坛、高位花坛、透水铺装及透水混凝土等海绵设施。

（1）编制依据

①《湖南省建设工程计价办法》（湘建价〔2014〕113 号文）；

②《湖南省建设工程消耗量标准》（2014 年）及相应的取费标准；

③《湖南省市政工程消耗量标准》（2014 年）及相应的取费标准；

④《湖南省安装工程消耗量标准》（2014 年）及相应的取费标准；

⑤《湖南省仿古建筑及园林景观工程消耗量标准》（2014 年）及相应的取费标准；

⑥《市政工程概算编制办法》（2011 年）中华人民共和国住房与城乡建设部；

⑦《长沙市市政公用工程概算编审手册》（2009 年）及相应取费标准；

⑧人工费调整执行湖南省住房和城乡建设厅发布的《关于发布 2014 年湖南省建设工程人工工资单价的通知》（湘建价〔2017〕第 165 号），建安工程综合人工工资按 100 元 / 工日计取，装饰工程人工工资按 120 元 / 工日计取。

⑨2017 年第 5 期《长沙建设造价》发布的材料预算价格、长沙建筑工程材料近期市场价格信息。

（2）造价估算

如表 2.2-8 所示。

长郡斑马湖中学 LID 工程造价明细表   表 2.2-8

序号	项目	单位	数量	综合单价（元）	工程造价（万元）
1	雨水花园	m²	4637.3	320	148.39
2	下凹式绿地	m²	425.5	100	4.26

续表

序号	项目	单位	数量	综合单价（元）	工程造价（万元）
3	雨水花坛	m²	431	350	15.09
4	高位花坛	m²	92.4	450	4.16
5	透水铺装	m²	6427.7	400	257.11
6	透水混凝土	m²	6929.3	560	388.04
7	绿色屋顶	m²	5490.3	720	395.30
8	透水足球场	m²	8663.9	600	519.83
	工程造价				1732.18

说明：造价仅统计 LID 设施部分，LID 设施未涉及或对原有景观和管道系统未造成影响部分，不在本次统计范畴

2.2.4.2　效益分析

长郡斑马湖中学通过设置 LID 设施后，综合实现了景观、生态、环境及排水安全等多重效益。见图 2.2-23。

图 2.2-23　长郡斑马湖中学建成实景图

（1）当降雨量不大于 33.84mm 时，项目的外排径流量为 0，满足控制目标中 83.3% 年径流总量控制率的要求。

（2）年径流总量控制率经测算可达 83.57%，对雨水径流污染物（以 TSS 计）的有效削减率可达到 67.01%，能够降低下游水系的污染输入。

（3）通过设置雨水回用池，回用雨水用于绿化浇灌和道路浇洒，可以减少自来水等优质水资源的使用量。

（4）经过改良的换填土壤，有效提高了土壤持水能力和湿度，减少了灌溉浇洒频次，降低了植物选配对耐淹时长的要求，扩大了雨水设施内适用植物的选择范围。

（5）在学校内设置海绵设施，可以对学生起到教育和宣传的作用，养成节水意识。

2.3　镇江高校园区共享区南地块海绵设计

用地类型：商业用地

项目位置：镇江市高校园区

项目规模：总用地面积为 23.4hm^2

建设时间：2018 ～ 2020 年

2.3.1　项目概况

镇江市位于江苏省中部、长江南岸，境内低山丘陵和长江冲积平原交织，古有"城市山林"的美誉。镇江市高校园区规划于 2012 年，位于主城区西南角，十里长山南麓，规划面积近 10km^2。见图 2.3-1。

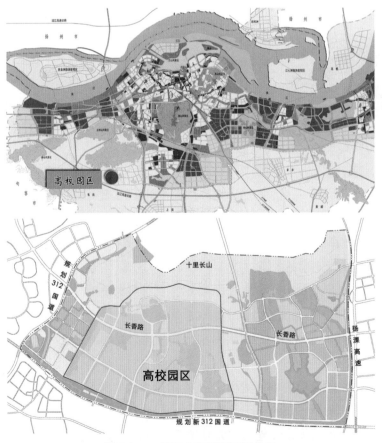

图 2.3-1　镇江市高校园区区位图

　　高校园区建设之前，场地开发程度较低，十里长山得以保留了优美的景观和生态环境，规划区域内现状只有一条东西向的城市干道——长香路。规划区内土地利用基本处于起步阶段，有少量自然村，大部分区域为山体及农田。区域内北侧十里长山是镇江自然环境保持比较完好的自然山体，南部地势起伏不平，但坡度较小，生态环境条件良好。见图 2.3-2。

图 2.3-2　高校园区未开发前影像图

2.3.1.1　气象与水文地质条件

　　镇江地处亚热带季风区，气候温和、四季分明、雨水丰沛。多年平均气温 15.7℃，1 月最冷，7 月最热。年平均湿度 76%，年最大降雨量 1601.1mm，最小降雨量 457.6mm，年平均降雨量 1063.1mm。雨季为 6 ~ 9 月，年平均降雨日 119.7 天。年平均蒸发量最大 1164.3mm、最小 665.9mm，年平均 869.8mm。主要风向夏天为东、东南风，冬天为东北风。

　　镇江地区位于宁镇山脉东段。高校园区所处的十里长山，地质条件属镇江 ~ 谏壁岩浆岩区，第四纪覆盖层厚度较深，根据场地勘察资料，场地覆盖厚度 15 ~ 50m。高校园区内地形以山地、丘陵为主，区域内部地面高程范围为 15 ~ 267m，地形表现为北高南低，东西向起伏、谷峰交错，形成一道道山水泄流通道。未开发前地表植被覆盖率高，生态及景观条件都非常好。见图 2.3-3。

　　根据"中国地震烈度区划图（江苏部分）"，本工程区域地震烈度为Ⅶ度。

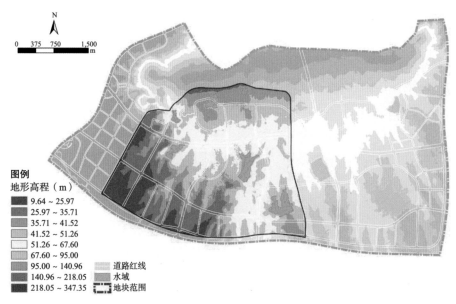

图 2.3-3　现状地面高程示意图

2.3.1.2　场地条件

（1）用地类型

根据《镇江高校园区总体规划》，高校园区主要包括 6 所高校以及共享区、高新科技研发区及预留用地。共享区位于高校园区正中心，集商业、体育、文化、公园、培训于一体，紧邻各个学校，实现公共设施的共享及对城市的辐射。见图 2.3-4。

图 2.3-4　共享区（长香路以南）区域位置图

　　现状长香路横跨共享区，将共享区分为南北两部分。南地块与西侧江苏大学京江学院、东侧江苏科技大学通过下穿人行通道沟通，总占地面积 23.4hm²。场地西侧长山中路已建设完成，东南面的海燕西路正在施工中。作为园区开放空间，用地范围内布置了商业综合体、图书馆、行政办公、实训中心、公寓及绿地广场等 18 栋建筑，场地中央为集中绿地。下垫面主要包括建筑屋面、园区道路、广场铺装、停车场、绿化等。见图 2.3-5，表 2.3-1，图 2.3-6。

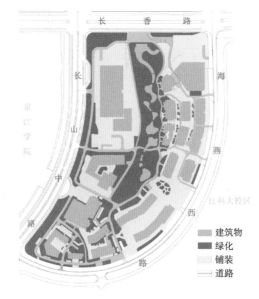

图 2.3-5　共享区（长香路以南）用地规划图

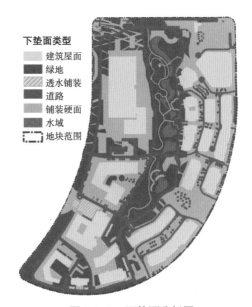

图 2.3-6　下垫面分析图

下垫面分析表　　　　　　　　　　　　　　　　　　　表 2.3-1

项目	单位	数量	所占比例	雨量径流系数
建筑屋面面积	m²	58992	25%	0.9
绿化面积	m²	45984	20%	0.15
铺装面积	m²	59817	25%	0.65
道路面积	m²	64999	28%	0.9
水面面积	m²	5169	2%	1.0
区域总面积	m²	234961	100%	0.69

　　根据规划总平面方案统计，建筑屋面面积 5.9hm²，绿化面积 4.6hm²，铺装面积 6.0hm²，道路面积 6.5hm²，水面面积 0.5hm²。

　　（2）场地竖向

　　高校园区地貌为岗地，整体北高南低。本项目恰好处于一个山坳，北、东、西三面地势高于场地，高程在 45.0 ~ 62.0m 之间。场地规划遵循低影响开发的理念，尽量保持原地形走势，整个场地西北高、东南低，最高点位于长香路与长山中路交叉口处，地面标高62.0m，最低点位于绿谷末端，标高为45.0m。见图2.3-7。

（3）周边水系及雨水管网

周边道路雨水管道设计标准为3～5年一遇，但基本不接纳本项目雨水。场地内雨水主要汇入场地中央的绿谷，经海燕西路下预留的过路管，排向东侧江苏科技大学内的水系。见图2.3-8。

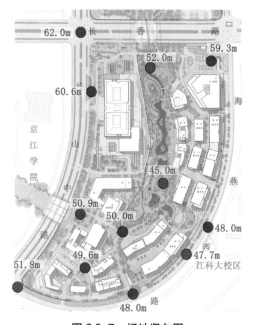

图2.3-7　场地竖向图

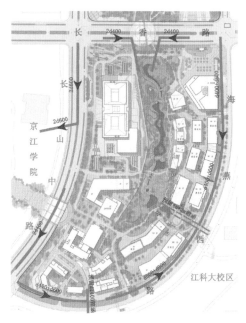

图2.3-8　周边道路雨水管网图

勘探期间测得场地地下水位稳定在现地面以下0.32～4.56m，场地20m深度范围内无可能液化土层。土壤渗透系数见表2.3-2。

土壤渗透系数　　　　　　　　　　　　　表2.3-2

指标 土层	渗透系数（10^{-6} cm/s）	
	垂直	水平
①-2 素填土	100	200
②-1 粉质黏土	8	15
④-3 粉质黏土	3	6

2.3.1.3　建设需求分析

场地开发前用地以农林为主，植被丰富、生态环境良好。开发后共享区位于高校园区核心，地表硬化面积显著增加，径流量加大。为维持原有自然水文生态特征，需对场地的径流量进行控制。此外，场地雨水排放到下游红旗水库，未来共享区人流量大、面源污染重，为维持水库良好的水质，需对上游雨水径流面源污染进行削减。

高校园区位于现城市规划区外，也是城市供水管网的末端。城市自来水只有一路管网且需要经过两级提升才能到达用地，水资源较为匮乏。通过海绵城市建设，可以提高雨水资源的利用率，减少城市优质水资源用量。

2.3.2　设计目标

① 年径流总量控制率

项目用地为镇江市城市发展备用地，没有规划控制指标，采用模型对场地径流进行模拟，得原场地年径流总量控制率约为83%，综合考虑规划用地建设强度，确定本项目年径流总量控制率为80%，对应设计降雨量28.6mm。

② 面源污染削减率

根据《海绵城市建设技术指南（试行）》上常规海绵设施对面源污染的削减能力，确定本项目的面源污染（TSS）削减率达60%。

③ 雨水资源综合利用

根据《江苏省绿色建筑设计标准》的规定，非传统水源利用率办公类建筑不宜小于8%，确定本项目雨水资源利用指标为8%。

④ 排水防涝标准

● 管道设计标准

雨水管道设计重现期标准为3年一遇。

● 防涝设计标准

片区内涝防治系统设计重现期取 $P=50$ 年一遇，地面积水设计标准为道路中至少一条车道的积水深度不超过15cm。

2.3.3　设计方案

2.3.3.1　设计流程

首先对降雨条件、原场地水文特征等进行分析，根据规划用地、场地竖向和管网情况，划分雨水分区。根据各雨水分区的特点、条件以及上位规划，选择适宜的海绵设施。

根据下垫面条件，统筹考虑海绵设施布局，制定系统方案，将雨水分区划分成多个子汇水区；按照子汇水区核算径流控制量和设施规模，通过雨水转输设施实现相邻子汇水区之间的转输调配，采用低影响开发设施和传统雨水管道相结合的方式，共同组成完整的工程技术体系。见图2.3-9。

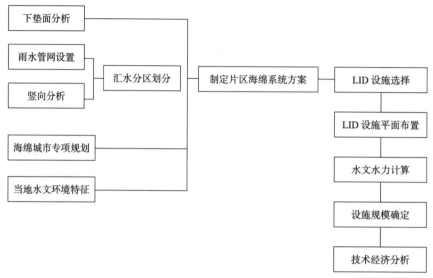

图2.3-9　设计流程图

2.3.3.2　海绵设施选择

在前期所做的园区排水及水系规划中，已经确定共享区中央的谷地为本汇水区的雨水径流通道，因此在共享区总平面布局中将建筑分布在两侧、绿化呈线状集中在中央的谷地形成绿谷，在绿谷中设置了梯级陂塘。

区域内高差较大，硬质面积多，为维持自然水文特征，应将雨水径流速度降下来，削减径流面源污染并加强雨水利用。结合上述需求，本项目海绵设施主要选择了以下几种。

（1）雨水湿地

在绿谷的陂塘中设置雨水湿地——如垂直潜流湿地和湿塘，对汇入绿谷的雨水径流进行滞蓄、沉淀和净化，处理后的雨水径流可以回用，也有助于维持绿谷中景观水体的水质。

垂直潜流湿地主要由填料层（基质床）、植物和集水、布水系统组成。填料层由上至下分为土壤层、中间碎石层和底层碎石层。水流在基质床中基本呈由上向下的垂直流动，流经床体净化后，通过铺设在出水端底部的集水管收集排出。见图2.3-10。

（2）雨水回用池（清水池）

在绿谷边设置清水池，将经过湿地处理的雨水储存，用于绿化浇灌、道路浇洒、冲厕等。雨水回用池（清水池）容积根据水量平衡具体计算确定。见图2.3-11。

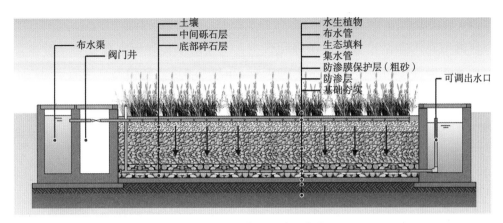

图 2.3-10 人工湿地示意图

图 2.3-11 雨水回用池（清水池）实景图

（3）透水铺装

本项目商业及公共建筑较多，透水铺装主要应用于建筑前的广场铺装或小型停车场停车位，可采用透水面层或缝隙式结构使面层透水，下部设置碎石层用于截流污染物，底部设置排水盲管，下渗径流就近接入雨水检查井内。透水铺装不计算径流调蓄空间，仅降低径流系数。见图 2.3-12。

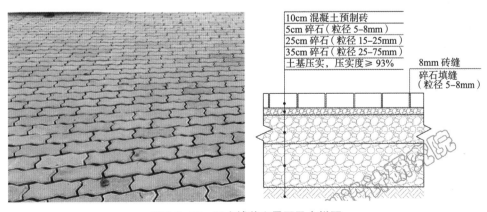

图 2.3-12 透水铺装实景图及大样图

（4）转输型草沟

转输型草沟通常设置在上游绿化带内，主要用于传导雨水径流至下游生态草沟、雨水花园等生物滞留型 LID 设施内进行净化、蓄滞。转输型草沟低于周边道路10 ～ 20cm，底部不做换填处理。转输型草沟不计调蓄容积。见图 2.3-13。

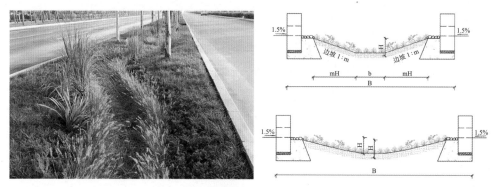

图 2.3-13　转输型草沟实景图及大样图

（5）生物滞留设施

生物滞留设施指在地势较低的区域，通过植物、土壤和微生物系统蓄渗、净化雨水径流的设施。本项目所采用的生物滞留设施主要包括雨水花园与生态草沟。见图 2.3-14、图 2.3-15。

雨水花园主要布设于房前屋后的块状绿化，用于处理上游转输的径流和屋面雨水径流，生态草沟主要设置在道路边绿化内，用于处理道路路面的雨水径流。两者结构基本相同，主要分为蓄水层、换植土层及碎石层三部分。蓄水层厚 30cm，换植土层厚50cm（土层表面覆盖厚度为 50 ～ 75mm 的覆盖料），碎石层厚 40cm，内置 FH100 软式透水盲管，就近接入溢流口或雨水井内。

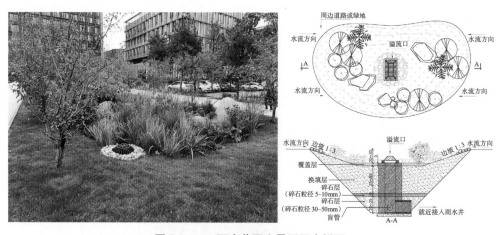

图 2.3-14　雨水花园实景图及大样图

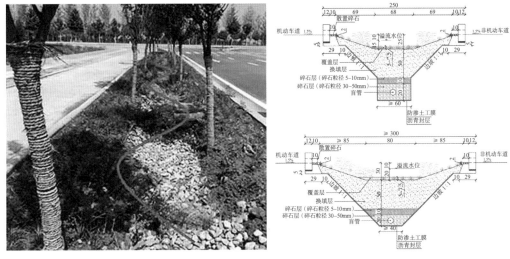

图 2.3-15 生态草沟实景图及大样图

覆盖物由碎树皮、木屑、陶粒或者椰糠组成，不含其他杂质，如杂草种子、土、树根等，有助于防止水土流失，并提供适合土壤生物群生存的环境。换植土采用粗砂、椰糠和换植土相混合，土壤初始下渗率不小于 100mm/h，TSS 去除率不小于 75%，有机质（%LOI）2.5% ~ 3.5%，pH5.5 ~ 6.5。碎石层采用上下两层，粒径分别为 0.5 ~ 1.0cm 和 3 ~ 5cm。

2.3.3.3 总体方案设计

根据场地竖向，本项目的雨水径流分属两个不同的雨水系统。北边约 18.9hm² 的用地，雨水径流排向绿谷，通过横穿海燕西路 4×2m 的预留箱涵排向江科大水系；南边约 4.5hm² 范围内的雨水，通过 d1400 的预留管道排向下游管网中。

（1）绿谷汇水分区

绿谷分区内主要包括图书馆、尚文坊等商业公建，建筑屋顶、硬质道路和铺装面积较大，绿化主要分布在区域内道路和长山中路相衔接的地带，坡度陡、难利用。设计主要将硬质铺装改造为透水铺装，对雨水进行渗透、减量；沿区域内道路边绿化设置转输型草沟、生态草沟和雨水花园等海绵设施进行雨水源头控制，在雨水管道末端设置湿地、湿塘，进一步削减区域内的雨水径流量和径流污染。通过源头和末端处理的雨水部分引入清水池，供两侧的公共建筑以及绿化、广场利用。绿谷分区的雨水年净流总量控制率不低于 80%。见图 2.3-16。

（2）非绿谷排水分区

非绿谷分区内将停车位改造为透水铺装，在道路边绿化内设置转输型草沟、生态草沟和雨水花园等海绵设施，管道末端设置雨水回用设施，通过这些海绵设施，非绿谷分区内年径流总量控制率达到 80% 以上。见图 2.3-17。

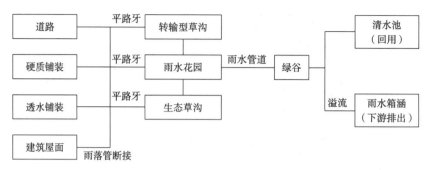

图 2.3-16　共享区绿谷汇水分区方案技术流程图

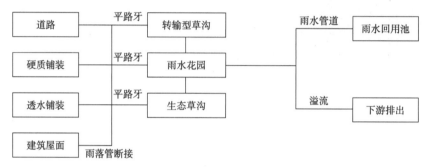

图 2.3-17　共享区非绿谷汇水分区方案技术流程图

2.3.3.4　分区详细设计

见图 2.3-18。

（1）绿谷分区

绿谷分区内的建筑以及道路总平还在进一步优化调整。但中间的集中绿化（绿谷）已确定为 $3.8hm^2$。

根据前期规划，绿谷水系的主要功能为上游的排涝泄洪通道，上游汇水面积约 $50hm^2$。在没有降雨的情况下，绿谷作为共享区一条主要的生态共享廊和景观湿地，是高校园区的学生、老师和工作人员休憩和交流的主要活动空间，需维持一定的水量营造景观。绿谷南北向高差较大（从52m 到45m），本项目在保证防洪排涝安全的前提下，为解决景观水体流动性不足、水质难以保持的问题，在绿谷中间的水道（雨水泄流通道）上设置了多个跌水坝，在跌水坝前设置湿塘、湿地，

图 2.3-18　共享区雨水分区图

通过多级湿地的处理，对上游来水及周边地块汇入的雨水径流进行进一步净化处理。在水道外的绿谷边缘设置清水池，将湿塘中干净的雨水引入清水池，作为图书馆冲厕、景观绿化浇洒以及地下车库和公共建筑道路冲洗的水源，超过设计控制能力的雨水以及强降雨时的径流，则进入雨水管道系统，经过海燕西路下方涵排至下游。

雨水径流在垂直流湿地通过布水管以淋滤的方式流下，经水生植物土壤层、中间碎石层和底层碎石层过滤、吸附、净化后，通过集水管收集进入湿塘内蓄积，超量的雨水径流溢流进入下一级湿地继续处理。当发生大重现期强降雨时，人工湿地停止布水，超标雨水直接进入下游雨水管涵中。过路雨水方涵按照 50 年一遇的标准设计，确保共享区的防涝安全。

按照湿地水位的高低配置湿地植物，水深为 0 ~ 1.5m 处种植芦苇、香蒲、莲、菖蒲、茈等挺水植物；水深为 1.5 ~ 2.5m 的区域种植金鱼藻、狐尾藻、枯草、眼子菜、黑藻等沉水植物。在水深较深处放养一些鱼类，构建完整的生物链系统，提高水体自净能力。见图 2.3-19。

图 2.3-19　绿谷内多级湿地布置平面图

（2）非绿谷分区

共享区南端约 4.5hm² 的地块，标高低于西侧长山中路、高于东侧海燕西路，场地径流不进入绿谷分区，而是通过一根 d1400 的过路管直接转输排放到下游雨水管道系统。该区域内的建筑主要有便民服务中心，派出所和 3 栋实训楼。

为保证各海绵设施高效发挥控制雨水的作用，根据场地竖向及道路横坡，将非绿谷分区划分为 22 个子汇水区。详见图 2.3-20。

根据场地条件，选择了透水铺装、转输型草沟、雨水花园、生态草沟、雨水回用池等海绵设施。

透水铺装主要设置在机动车停车位和北侧广场铺装上，降低硬质路面的雨水径流系数，增加入渗，减少雨水径流，降低径流峰值。转输型草沟和生态草沟设置在沿道路一侧的绿化带内，路面、铺装、透水铺装的雨水径流和部分散排的屋面雨水接入草沟内。雨水花园设置在草沟的下游，一般在道路的低点处，经上游草沟转输进来的雨水，在雨水花园内蓄积、渗透，下渗雨水通过盲管接入溢流雨水口，超过设计控制率的雨水通过溢流雨水口进入雨水管道系统内。管道系统末端设置雨水回用池，经净化后的雨水用来冲洗道路、地下车库和浇灌绿化，多余的雨水进入下游市政雨水管道内。见图 2.3-21。

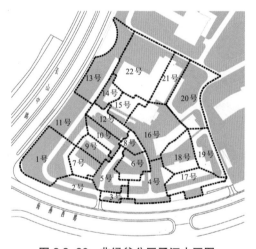

图 2.3-20 非绿谷分区子汇水区图

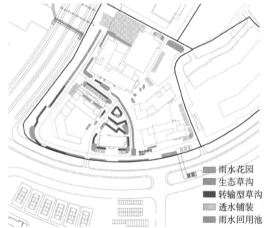

图 2.3-21 非绿谷分区海绵设施布置平面图

根据《海绵城市建设技术指南（试行）》，非绿谷分区实施海绵城市改造后各种下垫面雨量径流系数参考值见表 2.3-3。

下垫面组成及径流系数   表 2.3-3

下垫面类型	面积（m²）	雨量径流系数
建筑屋面	11667	0.9
硬质地面	9830	0.9
普通铺装	8772	0.9

续表

下垫面类型	面积（m²）	雨量径流系数
透水铺装	2903	0.4
转输型草沟	1739	0.15
生态草沟	970	1
雨水花园	2097	1
保留绿地	14038	0.15
项目面积	44307	0.68

以 16 号子汇水区为例，对该汇水分区内海绵设施进行布局，计算 LID 设施的控制容积。

16 子汇水区包括部分实训楼屋顶、停车位铺装、绿化、步行阶梯等，分区内绿化率为 25% 左右。设计将停车位铺装设为透水铺装，以减少不透水区域的面积，降低径流系数；结合景观微地形设计，在道路外侧绿化带内设置生态草沟，在步行阶梯旁的绿化内设置雨水花园，接纳屋面和阶梯的雨水径流。见图 2.3-22。

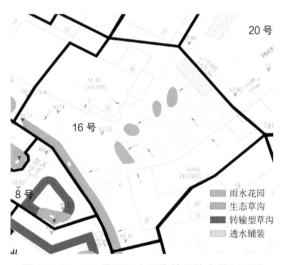

图 2.3-22　16 号子汇水区海绵设施布置平面图

16 号子汇水区采用的 LID 设施主要为雨水花园、透水铺装和生态草沟，经计算需控制容积 126.6m³，实际可以控制容积为 127.1m³（含雨水回用池内控制 25m³）。按照 16 号子汇水区控制容积计算方法，分别计算全部 22 个子汇水区的实际控制容积及年径流总量控制率，得非绿谷分区的年径流总量控制率为 81.39% > 80%，满足设计控制率目标要求。见表 2.3-4，表 2.3-5。

16号子汇水区 LID 设施控制容积计算表　　　　　表 2.3-4

编号	设施类型	面积（m²）	设计参数	实际控制容积 V（m³）	
				算法	数值
1	雨水花园	90	蓄水深度 0.2m，换植土层厚 0.5m，碎石层厚 0.4m	VX＝A×（蓄水深度 ×1+换植土层厚度 ×0.2+碎石层厚度 ×0.3）× 容积折减系数	83.6
2	生态草沟	450	蓄水深度 0.2m，换植土层厚 0.5m，碎石层厚 0.4m		18.5
3	透水铺装	148	仅参与综合雨量径流系数计算		0
4	转输型草沟	—	仅参与综合雨量径流系数计算		0
5	雨水回用池	—	—		25
合计					127.1

各子汇水区年径流总量控制率计算表　　　　　表 2.3-5

子汇水区	分区面积（m²）	生态草沟（m²）	雨水花园（m²）	转输型草沟（m²）	透水铺装（m²）	蓄水池 V（m³）	综合径流系数	调蓄容积 V（m³）	降雨量（mm）	年径流总量控制率
1#	3843	0	180	178	0	25	0.53	62.04	30.54	81.45%
2#	1429	92	0	101	0	13	0.71	30.09	29.55	80.71%
3#	551	77	0	14	0	0	0.81	14.30	31.96	82.51%
4#	752	0	55	80	56	4	0.64	15.32	31.70	82.31%
5#	1701	0	128	68	84	9	0.65	35.34	31.80	82.39%
6#	1442	0	100	239	0	4	0.52	24.58	33.07	83.34%
7#	1256	0	32	0	0	27	0.91	33.59	29.52	80.69%
8#	610	0	46	100	0	0	0.52	9.47	29.97	81.02%
9#	1009	0	22	99	0	20	0.80	24.53	30.51	81.42%
10#	1108	0	126	0	0	2	0.85	27.93	29.64	80.78%
11#	2381	87	0	91	0	17	0.45	30.47	28.74	80.10%
12#	1371	0	91	101	222	0	0.75	32.29	31.61	82.25%
13#	3087	193	0	0	300	12	0.54	47.85	28.70	80.07%
14#	861	0	98	68	0	0	0.72	20.17	32.57	82.96%
15#	1189	0	104	33	0	10	0.87	31.40	30.36	81.31%
16#	5653	450	90	0	83	25	0.78	127.11	28.76	80.12%
17#	2030	0	191	0	62	11	0.81	50.31	30.42	81.36%
18#	1961	0	152	0	0	28	0.81	59.28	37.24	85.00%
19#	1868	0	153	122	249	7	0.68	38.49	30.50	81.42%
20#	3613	0	307	348	192	5	0.60	68.18	31.51	82.17%
21#	1715	0	46	97	55	28	0.75	37.47	29.13	80.39%
22#	4877	71	176	0	1600	53	0.72	104.61	29.76	80.87%
小计	44307	970	2097	1739	2903	300	0.68	924.82	30.46	81.39%

2.3.3.5　达标分析

（1）年径流总量控制率

目前绿谷分区还没有进入海绵设计阶段，其控制率按照不低于 80% 计算，非绿谷分区年径流总量控制率为 81.4%，加权平均后可保证本项目整体控制率为 80.3%，达到设计目标要求。见表 2.3-6。

共享区（长香路以南）年径流总量控制率计算表　　　　　表 2.3-6

汇水分区	面积（hm²）	年径流总量控制率
绿谷分区	18.9	80%
非绿谷分区	4.5	81.4%
合计	23.4	80.3%

（2）面源污染削减率

绿谷水系在共享区段有河坡缓冲带、湿地和湿塘等水质净化设施，控制率指标内的雨水径流全部被当作资源回用，不产生外排，不对下游水库水质产生污染。

非绿谷分区设置雨水花园、生态草沟、透水铺装等 LID 设施后，面源污染（TSS）削减率可达 69.2%，见表 2.3-7。

绿谷分区面源污染（TSS）削减率计算表　　　　　表 2.3-7

LID 设施	控制容积（m³）	面源污染（TSS）削减率
雨水花园	2097	85%
生态草沟	970	85%
转输型草沟	—	—
透水铺装	0	80%
平局值	—	85%

本项目总体满足面源污染（TSS）削减率大于 60% 的设计目标。

（3）非传统水源利用率

本项目绿谷分区的总平面虽然还没有确定，但单体建筑设计完成。根据单体建筑设计中提供的人口数量及用水定额，计算出绿谷分区年生活用水量为 407435.4m³，年杂用水量为 76312.15m³；采用水平年逐月降雨资料与杂用水量进行平衡计算，得可利用的雨水量约 73235.59m³，得到非传统水源替代率达 15.1%。同理计算得非绿谷分区的非传统水源利用率为 8.3%，本项目范围内非传统水源利用率为 13.6%，满足《江苏省绿色建筑设计标准》中 9.5.6 条规定，小公类建筑非传统水源利用率不宜小于 8% 的要求。

（4）排水防涝

根据场地竖向分析，绿谷分区内场地竖向均由两边坡向中间绿谷。此外，绿谷还承接上游共享区北地块以及南边本项目非绿谷分区的涝水。而绿谷的最低点标高为45.0m，在绿谷与海燕西路交接处，当发生超标暴雨时，涝水在最低点通过4m×2m的箱涵排出，保证集水区域内场地排水防涝安全。

非绿谷排水分区地势北高南低，西高东低，相对低点位于东南角与市政道路交叉口处，标高为48.0m。当发生超标暴雨形成涝水时，涝水顺地势进入南侧市政道路——海燕西路内，沿海燕西路流向道路低点（47.7m标高处），在道路低点处西侧绿化中设置涝水行泄通道，将涝水排入绿谷。见图2.3-23。

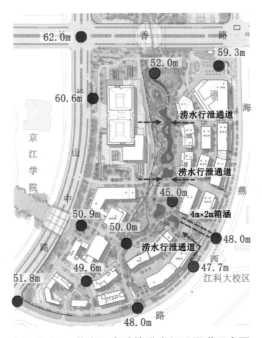

图2.3-23 共享区南地块涝水行泄通道示意图

2.3.4 结语

由于高校园区在前期规划中就融入了低影响开发的理念，注意尊重自然、维护自然，在地形地势、排水防涝系统建设方面为后期建设提供了便利条件。本项目以绿谷为依托，因地制宜根据不同的条件采用适宜的技术路线，保证项目达到海绵城市建设指标的要求。

本案例说明，只要在城市用地开发建设之初就融入海绵城市建设理念，完全可以做到维持开发前后的水文状态相近。

2.4　温岭东部新区某工业厂房二期工程海绵建设项目

用地类型：工业用地

项目位置：温岭市东部产业集聚区北片区

项目规模：总用地面积为 8.12hm²

建成时间：2016 年

2.4.1　项目概况

温岭市东部新区位于浙江省温岭市的东海岸。根据其总体规划，东部新区将成为温岭市经济中心、旅游休闲中心和生态示范区，成为我国东部沿海围垦开发的典范（图 2.4-1）。东部新区总体规划指导思想第一条就是"贯彻生态化及可持续发展"理念，城市开发建设应践行海绵城市建设，从源头削减污染，过程控制降雨径流，充分利用雨水资源，体现可持续发展。

本项目的工业标准厂房二期位于温岭市东部产业集聚区北片区，项目范围西起金塘北路、东邻千禧路、北至滨八路、南接商业用地，属于新建工业项目，总用地面积为 8.12hm²，共包括 5 栋生产厂房及 2 栋科研厂房，与标准厂房一期项目之间隔着滨八路。见图 2.4-2。

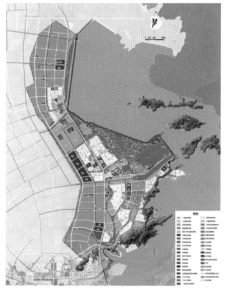

图 2.4-1 温岭市东部新区规划图

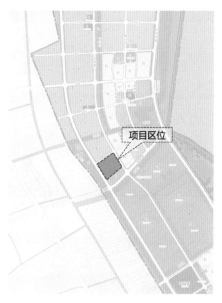

图 2.4-2　项目区域位置图

2.4.1.1 气象与水文地质条件

原场地地貌主要为滩涂和海水冲沟，土壤盐碱化严重。近年来利用宕渣回填。场地现状建筑已建成，建筑均对地基进行打桩处理。拟建场地范围内，主要为素填土和软土。

素填土主要以碎石、块石、少量黏性土组成，层厚 1.10～5.80m；力学性质差异较大，均匀性、稳定性差。软土主要为淤泥质粉质黏土、淤泥，力学性质差，渗透系数小、流变性大，易产生不均匀沉降。

场区内地下水主要有上部孔隙潜水、中下部弱孔隙承压水及下部基岩裂隙水，径流缓慢，主要接受大气降水及河水补给，以蒸发为主要排泄方式，水位随降水及河水升降影响明显，年变幅 1.00～1.50m 左右；弱孔隙承压水主要赋存于粉质黏土夹粉土中，主要接受河水越流补给，以深井为主要排泄方式；水动态较稳定；勘探时测得地下水水位埋深 1.50～3.2m。见图 2.4-3。

图 2.4-3　场地现状图

2.4.1.2 场地条件

见图 2.4-4，图 2.4-5，表 2.4-1。

下垫面分析表　　　　　　　　　　　　　　　　表 2.4-1

下垫面	面积（m²）	比例	雨量径流系数
建筑屋面	35477	43.68%	0.85
道路	21174	26.07%	0.85
铺装	8163	10.05%	0.60
绿地	16402	20.20%	0.15
小计	81216	100.00%	0.68

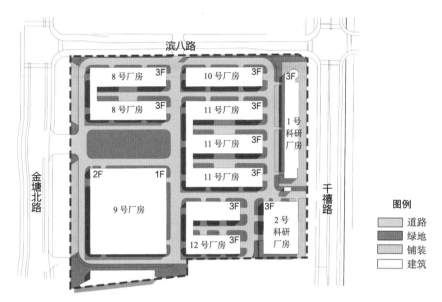

图 2.4-4 下垫面分析图

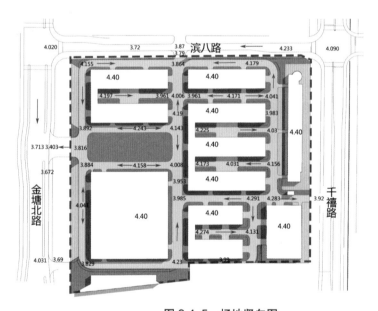

图 2.4-5 场地竖向图

（1）下垫面及竖向分析

该地块规划总用地面积为 8.12hm²，场地内主要包括 8 ～ 12 号生产厂房，靠千禧路侧为 1 号、2 号科研厂房。建筑基地面积为 3.56hm²，占场地总面积的 46.68%，绿地面积 1.62hm²，绿化率 20%。

该地块总体较为平坦，建筑室内地平标高为 4.40m，场地室外高程 3.81 ～ 4.29m，最高点位于 11 号连体厂房东面，最低点位于靠金塘北路主出入口处；厂区内还有部分相对低点。

（2）建设条件分析

拟建场地内无地下室，现状宕渣已填至 2 ~ 3m 标高，主要以碎石、块石、少量黏性土组成，渗透速率快。地下水位约为 1.5m 左右。

因此，海绵设施开挖深度不宜过深，基本控制在 1.2m 以内。

除此之外，建筑大部分为大尺度厂房，底部设有承台。建筑周边设有 21 个小型化粪池，方案设计中需注意避让。

2.4.1.3 问题与需求分析

温岭东部产业集聚区北片为工业片区，大部分地块均为工业厂房，传统常规的工业厂区厂房占比高，加上运输的需求，道路面积也较大，地表硬化率高。原材料的运输以及堆放等，都会造成雨水径流携带较多面源污染物，通过雨水管网排入水体，污染水体环境。此外，东部新区滨海，淡水资源宝贵，工业用水水价高，若厂区内部绿地浇灌都使用自来水，成本较高，与东部新区"贯彻生态化及可持续发展"理念相违背。

本项目根据新区管委会关于建设生态新区的要求，充分利用规划绿地设置低影响开发设施，降低厂区建成后的外排径流量，维持场地的自然水文特征；削减和控制降雨径流中的面源污染物，保护周边水体环境。同时将雨水在每个环节进行滞蓄、收集，利用雨水供给厂房内部绿地植物及景观用水，实现雨水资源的合理利用。

2.4.2 设计目标

为贯彻执行东部新区"生态化及可持续发展"的指导思想，本项目设计目标为从源头削减雨水径流量及面源污染，充分利用雨水资源，融入低影响开发理念，建设生态工业厂区。

本项目设计于 2014 年，国内无相关海绵城市指导资料。当地的降雨特征资料也不齐全。经与管委会沟通，设计主要达到以下目标：

（1）在安全美观的前提下，尽可能利用绿化设置海绵设施滞蓄雨水，减少绿化浇灌量；

（2）雨水径流在排入市政管网前应经过开敞、可观察、可控制的设施，防止有污染的雨水排入水体；

（3）降低内涝风险，避免厂区内部产生人为积涝点，做到小雨不积水、大雨不内涝。

2.4.3　工程设计

2.4.3.1　设计流程

（1）前期准备及现场勘查。

收集项目相关资料，包括水文地质条件、工业厂区总平面图、管线综合图、各单体建筑排水图、周边道路设计图等相关资料。

实地考察建设用地现状、周边区域情况、了解工业企业工艺，与甲方初步沟通。

（2）方案设计

根据预期目标，统筹协调其他专业，依据安全优先、因地制宜、经济有效、方便易行、便于维护的原则，落实工业厂区海绵方案。分析地块竖向条件、绿化布置、道路系统和建筑雨落管位置，根据径流流向划分汇水分区，在各分区内根据实际设计条件布置海绵设施。

（3）绩效分析

核算其海绵设施效果，进行经济效益、生态效益及社会效益评价。

2.4.3.2　设施选择

根据调研，该厂区工艺主要为机械加工，厂房内装卸，室外无堆场，雨水径流污染不受工艺影响，主要是人员出行和车辆通行产生的面源污染。因此，该场地内主要采用雨水花园、下凹式绿地、透水铺装、雨水湿塘四种海绵设施。

（1）雨水花园

雨水花园主要布置在建筑外围绿化较为充裕处，且避让重要管线及化粪池，作用为净化、滞蓄雨水。雨水花园分为蓄水层、换植土层和碎石层三部分，其中蓄水层深度为 0.3m，换土层厚度为 0.5m，碎石层厚度为 0.3m，总深度为 1.1m，基本位于现状宕渣之上，避免大范围开挖。由于本项目绿化基本位于建筑与道路之间，为保证建筑与道路结构安全，侧面及底部设置防水土工膜。

本方案中雨水花园低于周边道路约 0.3m，设置盲管和溢流雨水口，其中溢流口溢流水位高于底部 0.1m。为保证乔木正常生长，乔木种植面标高与溢流水位平，既保证屋面及地面雨水径流适当留存，为树木提供水分，又保证植物不被长时间浸泡影响生长。见图 2.4-6，图 2.4-7。

（2）下凹式绿地

下凹式绿地主要布置在建筑物周边或管线较为密集处。下凹式绿地不设置换土层，仅表面下凹，换植土壤需满足《绿化种植土壤》CJ/T 340—2016 及《园林绿化工程施工及验收规范》CJJ 82—2012 中相关要求，下渗速率不低于 1.0×10^{-4}cm/s。雨水通过下凹式绿地进入下游雨水花园或通过溢流雨水口溢流至雨水管道。见图 2.4-8。

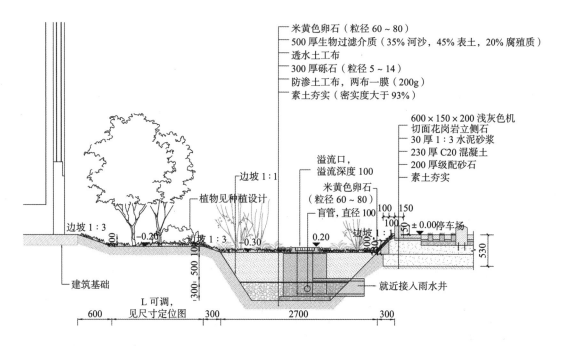

米黄色卵石（粒径 60～80）
500 厚生物过滤介质（35% 河沙，45% 表土，20% 腐殖质）
透水土工布
300 厚砾石（粒径 5～14）
防渗土工布，两布一膜（200g）
素土夯实（密实度大于 93%）

600×150×200 浅灰色机
切面花岗岩立侧石
30 厚 1:3 水泥砂浆
230 厚 C20 混凝土
200 厚级配砂石
素土夯实

溢流口，
溢流深度 100

米黄色卵石
（粒径 60～80）
盲管，直径 100

±0.00 停车场

就近接入雨水井

建筑基础

L 可调，
见尺寸定位图

图 2.4-6　雨水花园大样图

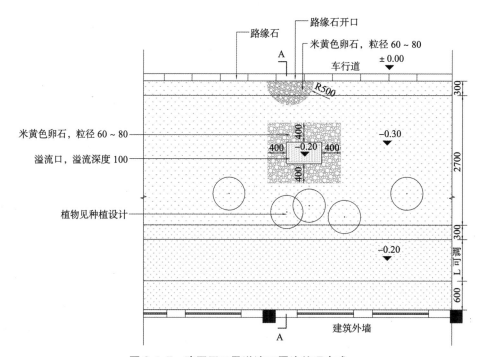

路缘石
路缘石开口
米黄色卵石，粒径 60～80
车行道　±0.00

米黄色卵石，粒径 60～80
溢流口，溢流深度 100
植物见种植设计

建筑外墙

图 2.4-7　路牙开口及溢流口周边处理方式

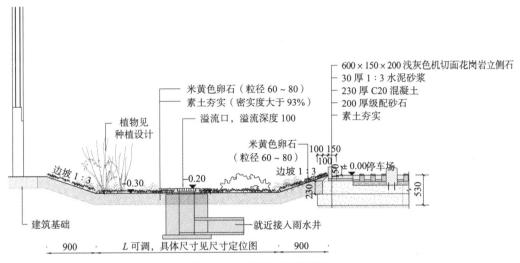

图 2.4-8　下凹式绿地做法

（3）透水铺装

工业企业生产区停车场车辆荷载较大，不宜设计为透水停车场。本项目将 1 号和 2 号科研厂房前小车停车位设为透水铺装，采用植草砖铺装。见图 2.4-9，图 2.4-10。

图 2.4-9　生态停车位意向图

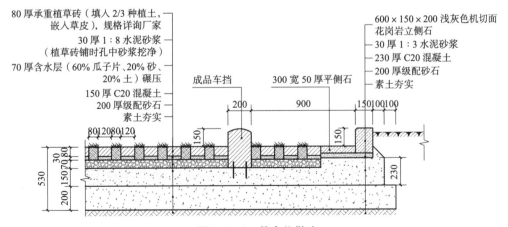

图 2.4-10　停车位做法

厂区内部绿化率较低，传统的工厂铺装大部分为水泥混凝土。采用植草砖透水铺装可增加绿量，提高人的舒适感；且有效地补充地下水源，减少积水，吸声降噪，缓解热岛效应，维持土壤生态环境的平衡。

（4）雨水湿塘

场地西侧入口处结合绿地、开放空间设计为雨水湿塘，场地内部分雨水管道排放至湿塘内，雨水作为其主要的补水水源经调蓄净化后溢流至市政管网，有效去除面源污染，提升雨水利用效率。雨水湿塘平时发挥正常的景观及休闲功能，并且为厂区内绿化浇洒提供水源；暴雨发生时发挥雨水调蓄功能。

湿塘主要由进水口、前置塘、主塘、溢流出水口、护坡及驳岸、维护通道等构成。设计塘底为2.20m，设计水位为3.25m，溢流水位为3.45m。湿塘底部设置膨润土防水毯，保证塘内水不渗漏，确保景观水面效果。见图2.4-11、图2.4-12。

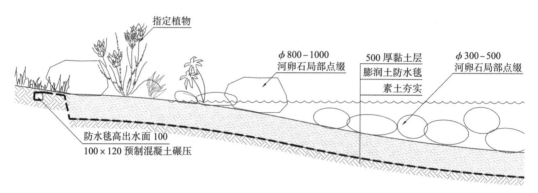

图2.4-11 湿塘驳岸做法图

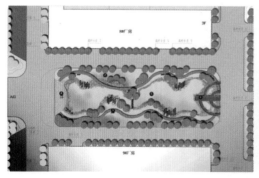

图2.4-12 雨水湿塘方案效果图

2.4.3.3 总体方案设计

标准厂房跨度大，屋顶面积较大，雨落管采用断接设计，屋面雨水散排至建筑周边绿化。由于工业厂区绿化率较低，绿地主要分布于厂房周边。为保证建筑结构安全，靠近建筑周边绿化设为下凹式绿地,远离厂房部分绿化设为雨水花园。主要利用下凹式绿地和雨水花园对建筑屋面及道路路面初期雨水进行源头净化。

标准厂房一期位于本项目北侧,场地布局与本项目基本一致,入口处大面积绿化设置为高位绿地,内部布置变电箱等设施,人员无法进入,并未发挥绿地作为雨水源头控制用地的作用。本项目入口处大片绿化位于场地内低点,方案设计中吸取一期的教训,在大片绿化中设置雨水湿塘,将场地内经过源头控制、净化的雨水,用管道排入雨水湿塘,既可利用雨水湿塘营造景观空间,又可利用雨水湿塘蓄积雨水,为雨水利用提供水源。见图 2.4-13、图 2.4-14。

此外,强降雨时湿塘内雨水溢流进入市政雨水管道系统,便于检查水质,避免发生厂区污水偷排现象,方便管理。

图 2.4-13　标准厂房一期入口现场照片

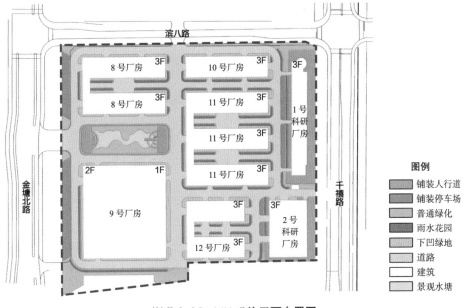

图 2.4-14　LID 设施平面布置图

2.4.3.4　分区详细设计

本项目共有四个雨水排水出口，通过厂区内雨水管道排至周边道路预留雨水接口。根据雨水立管位置、宅前竖向及坡向可将场地划分为 13 个子汇水区。其中，分区 1、2、4 排至滨八路 d600 雨水管道，分区 6、8、11 排至滨八路 d600 雨水管道，分区 9、10、12 排至千禧路 d500 雨水管道，分区 3、5、7、13 排至金塘北路 d800 雨水管道。见图 2.4-15、图 2.4-16。

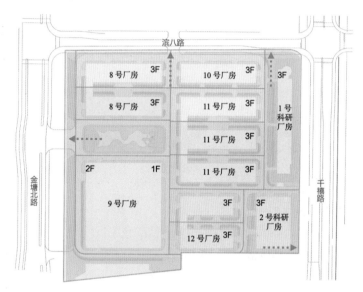

图 2.4-15　排水方向示意图

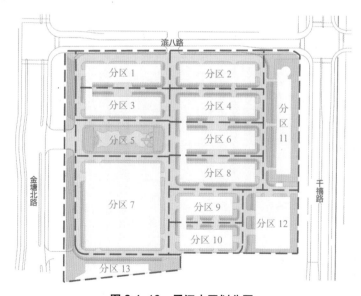

图 2.4-16　子汇水区划分图

对每个子汇水区内进行详细设计，分别选取典型分区进行详细说明。

（1）分区 8

以分区 8 为例说明类似厂房周边海绵方案做法。根据厂房建筑结构图，建筑底部约每隔 12m 设有一处承台超出建筑边线 2m。分区内临近建筑北侧及东西两侧绿化宽度为 6m，建筑南侧周边绿化宽度 5m。分区内共 6 根雨水立管，具体排出位置如图 2.4-17 所示。

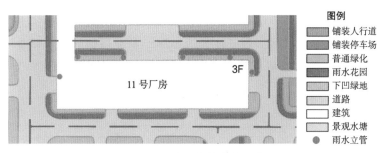

图 2.4-17　分区海绵方案示意图

考虑厂房内部管线靠厂房敷设以及保护承台安全，临近建筑处均设为下凹式绿地，底部不换填。绿化外侧设 3m 宽雨水花园，底部进行换填，确保雨水可在此下渗过滤。下凹式绿地宽度为 2 ~ 3m，雨水花园宽度为 3m，溢流口均设于雨水花园内。道路每隔 10m 设一处路牙开口，开口宽度为 40cm。

（2）分区 11

分区 11 为 1 号科研厂房及其周边场地。建筑南侧为厂区出入口，设有门卫用房。

由于 1 号科研厂房东侧为临街商铺，有停车需求且车辆进出较频繁，存在重载车驶入的可能，透水铺装存在易阻塞、难养护等实际问题，因此建筑周边铺装均采用普通面包砖铺装。建筑屋面雨水相对较为干净，直接收集至小方井排入雨水管道系统。

建筑西侧临路部分设置小车停车位，停车位采用透水铺装，半幅路面及停车位坡向道路外侧，停车位外侧 3m 范围内绿化设为雨水花园，主要承接周边路面及铺装雨水，雨水花园内设置溢流口。见图 2.4-18。

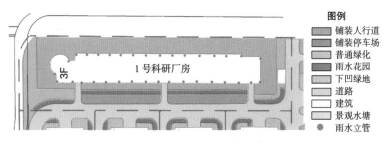

图 2.4-18　分区海绵方案示意图

（3）分区5

分区5为厂区西侧主出入口处，同时位于分区3、5、7、13雨水排水管道系统末端。方案在大片绿化内设置雨水湿塘，将汇水范围内雨水通过管道接入雨水湿塘内，同时收集周边道路半幅路面雨水径流，做到雨水排放可视，如有污水偷排入内，可及时发现，方便管理。

结合入口绿化打造厂区休憩空间，营造自然生态的厂区景观。中间设置雨水湿塘，线型尽量弯曲自然。湿塘底部采用膨润土防水毯，防止渗漏，周边大量采用河卵石，保证一定的景观效果。湿塘东西两侧设置亲水平台，靠道路一周为人行道，临水处设置部分汀步，打造亲水活动区。塘底标高为2.2m，溢流口标高为3.45m，超过溢流水位时雨水可溢流至金塘北路雨水管道。周边休憩平台及人行道的标高为3.9～4.2m。见图2.4-19。

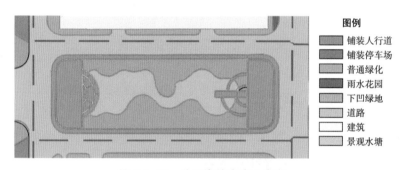

图例
■ 铺装人行道
■ 铺装停车场
□ 普通绿化
■ 雨水花园
□ 下凹绿地
■ 道路
□ 建筑
□ 景观水塘

图2.4-19　分区海绵方案示意图

2.4.3.5　植物种植

整体设计需要立足于景观和生态，植物种植是本方案的重要考虑因素，具体设计思路如下：

因地处东部沿海围垦开发区域，场地盐碱化严重，因此植物优选耐盐碱的防护林树种、季相效果明显的落叶乔木及低养护成本的灌木地被，合理搭配自然生态群落，构建稳定的绿色生态网络。增加植被的丰富度，增强物种多样性。

空间维度上，根据厂区环境的梳理，合理布置种植方式，建筑周边区域去掉挡视线的中层乔木和灌木，将厂区内部的景观视线打开，使整个厂房的视线空间通透。中心景观区域，采用上中下木的复层种植方式，增加景观空间的丰富度。

时间维度上，设计以植物为媒介而产生春、夏、秋、冬等四季季相变化，从而形成独具一格的景观特色。

景观植物的具体设计如下：

第一层乔木：香樟、高杆女贞、榉树、朴树、乌桕、无患子、合欢、墨西哥落羽杉等；

二层乔木：石楠树、花石榴、夹竹桃、海滨木槿等；地被：大花六道木、龟甲冬青、金森女贞、龙柏、红叶石楠、兰花三七、大花栀子、细叶麦冬、马尼拉草等等。

海绵设施内：密花千屈菜、黄菖蒲、白三叶、再力花、香蒲、菖蒲、篦齿眼子菜、马尼拉草等。

2.4.3.6　达标分析

（1）雨量控制

本项目共设置雨水花园 4472m²，下凹式绿地 5989m²，透水铺装 3297m²，雨水湿塘 913m²。

下凹式绿地蓄水深度 100mm。雨水花园蓄水深度 100mm，换填层厚 500mm，碎石层厚 300mm，碎石层中设置盲管。换填层孔隙率取 0.2，计算其存储体积。下凹式绿地及雨水花园设施容积折减系数取 0.6。雨水湿塘调蓄深度 200mm，容积折减系数取 0.8。下凹式绿地未进行换填，雨水湿塘底部设置防渗措施，均不计算渗透速率。

根据《海绵城市建设技术指南（试行）》中的计算方法，测算本方案实际可达到的效果。

通过采用海绵设施，可控制的雨量体积为：

$$V = V_S + W_P$$

式中：V_S——渗透设施的有效存储体积（m³）；

W_P——渗透量（m³），$W_P = K J A_S t_S$；

K——土壤渗透系数（m/s），取 100mm/h；

J——水力坡降，取 1；

A_S——有效渗透面积，单位面积雨水花园有效渗透面积为 0.4m²；

t_S——渗透时间（s），取 2h。

计算得 V_S = [4472 ×（0.10 + 0.5 × 0.2）+ 5989 × 0.1] × 0.6+913 × 0.2 × 0.8=1042m³，$W_P = K J A_S t_S$ = 0.1 × 1 × 0.4 × 4472 × 2 = 357.76m³，可控制的雨量体积 V=1399.76m³。

计算控制体积的海绵设施雨量径流系数取 1，综合计算场地内综合径流系数为 0.78，则可控制的雨量 H=1399.76 /（10 × 8.12 × 0.78）= 22.10mm。对照《温岭市海绵城市专项规划》（2016-2030），大于当地年径流总量控制率 65% 对应 20.9mm，小于 75% 对应的 30.8mm。

（2）防涝效果

场地内最低点分别位于纬八路和金塘北路出入口处，涝水可沿道路坡向市政道路。厂区内部还有一些相对低点，其中标高与周边道路高低相差超过 15cm 的有两处，主要分布在厂区中间道路上，可能会产生积涝，设计中通过路牙开口，将涝水引导至路外侧雨水花园，在雨水花园中增加溢流收水设施，同时加大下游雨水管道，确保涝水及时排出。

2.4.4　建成效果

该项目作为工业厂房实施海绵城市建设的典范，具有显著的社会经济效益。见图 2.4-20。

经济效益方面，通过海绵城市建设，减少了周边管网、河道的负担，提升了整个北片区水环境质量，降低了河道水处理的费用；项目中心湿塘建成以来，水质情况良好，收集雨水用于周边道路及绿化的浇洒，用较低的成本，实现了雨水回用，减少了优质水资源的用量。

生态效益方面，项目实现了海绵城市建设目标，将对环境生态的影响降至最低，通过植物配置的设计营造了良好的生态环境，成为北片工业区中生态厂区的典范。

社会效益方面，通过本项目的实施和运行效果展示，使工业生产和生态环境协调共生的理念得到落地，为温岭东部产业集聚区海绵城市建设提供了示范，取得良好的社会反响。

图 2.4-20　竣工实景照片

2.5　镇江江二社区海绵改造项目

用地类型：居住用地（老小区改造）
项目位置：镇江市江滨新村第二社区
项目规模：总用地面积为 1.8hm²
建成时间：2015 年

2.5.1　项目概况

江滨新村是镇江市紧邻金山湖的一个老小区。2014 年，为削减排入金山湖的城市面源污染、提高沿湖低洼地区排水防涝能力，开展了以低影响开发（LID）理念为指导的《镇江市金山湖南岸区域 3.8km² 生态排水防涝、面源污染控制系统关键技术研究及工程示范》课题研究，研究范围包括解放路片区、绿竹巷片区及江滨片区（见图 2.5-1）。江滨新村第二社区（以下简称"江二社区"）为该研究课题的示范工程，同时是镇江市旧城区第一个开展海绵城市改造的试点工程。

图 2.5-1　项目区域位置图

试点工程范围包括江二社区 102 ～ 111 号楼及停车场区域，总用地面积约 1.8 万 m^2，建筑面积约 2.8 万 m^2，绿地面积约 0.40 万 m^2，绿地率约 22%。居民户数 486 户，常住人口约 1500 人。见图 2.5-2。

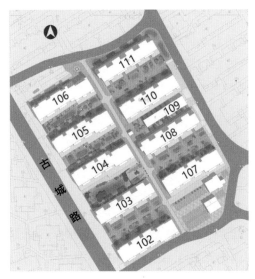

图 2.5-2　项目范围图

2.5.1.1　气象与水文地质条件

镇江地处亚热带季风区，气候温和、四季分明、雨水丰沛。多年平均气温 15.7℃，1 月最冷，7 月最热。年平均湿度 76%，年最大降雨量 1601.1mm，最小降雨量 457.6mm，年平均降雨量 1063.1mm。雨季为 6 ～ 9 月，年平均降雨日 119.7 天。年最大面平均蒸发量 1164.3mm，最小 665.9mm，年平均 869.8mm。主要风向夏天为东、东南风，冬天为东北风。

项目场地地貌单元属长江漫滩，场地土自上而下分为 7 层，依次为杂填土、淤泥质粉质黏土、粉砂夹粉土、淤泥质粉质黏土夹粉砂、粉质黏土夹粉砂、粉质黏土。其中，淤泥质粉质黏土渗透系数为 2.32 mm/h，渗透性较差。场地地下水类型主要为潜水，稳定水位埋深 0.5 ～ 1.2m，水位年变幅 0.5 ～ 1m。

2.5.1.2　场地条件

（1）下垫面分析

通过对项目地形图资料进行分析，并核对现场实际，将场地内下垫面分为建筑屋面、绿化、人行铺装和车行路面 4 类。经测算，综合径流系数为 0.66，具体如表 2.5-1 所示。见图 2.5-3。

下垫面类型	面积（m²）	所占比例	径流系数
建筑屋面面积	7211	0.40%	0.90
绿化面积	3960	0.22%	0.15
人行铺装面积	5540	0.31%	0.65
车行路面面积	1232	0.07%	0.90
合计	17943	100%	0.66

江二社区试点区现状下垫面分析表　　　表 2.5-1

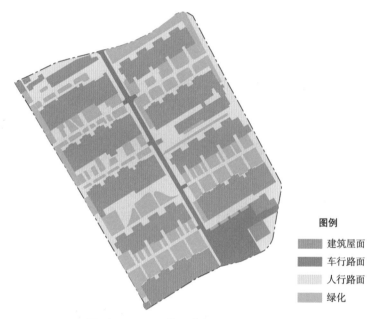

图 2.5-3　江二社区试点区现状下垫面图

（2）建设条件分析

该项目始建于 20 世纪 80 年代，各项基础设施条件都比较差。停车场为一块硬质地面，没有合理划分车位。居民楼之间汽车无法入内，无地下室，绿化空间相对充足，有利于屋面及地面雨水散排至绿化内，适宜海绵建设。

小区内排水系统为雨污分流制，雨水和污水均通过小区内主路排至象山大道。但存在大量雨污混接现象，建筑污水经化粪池接入南北向污水管，宅前仅有一道雨水管，且部分污水管道断头接至雨水管道，建筑雨水立管私接污水现象严重，底层违建多新增洗涤池，废水直接排入雨水口。

本项目主要建设难点在于老旧小区违建较多，绿化侵占现象严重，与居民沟通协调应充分。在海绵化改造的同时，整理、提升供电、通信、自来水、燃气等其他市政基础设施的能力，提升居民生活环境，提高居民满意度。

2.5.1.3 问题与需求分析

本项目场地内虽然有雨水、污水管,但存在严重的雨污水管混接现象。居民生活污水和雨水径流污染排入金山湖,影响金山湖的水环境质量。此外,排水系统标准偏低、排水防涝能力不足,因此有必要采取有效的技术性和管理性对策,削减和控制径流量和面源污染。主要存在问题包括:

（1）污染问题突出

小区建设年代较长,存在阳台污水私自排入雨水立管现象。小区内部虽进行过雨污分流改造,但仍存在雨污混接情况,且居民习惯向雨水箅中倾倒废水,造成下游水体污染严重。见图 2.5-4。

图 2.5-4　小区内部雨水立管

（2）区域雨水排水防涝压力大

江滨片区位于沿江地势低洼区,暴雨时南部山水下泄、北边江水顶托,小区主要出入口（古城路与尚德路交叉口）为历史积水点,遇到超标暴雨,极易发生内涝。本项目雨水向西接入古城路 d1200 合流管道排入江滨泵站。区域管道建设年代较长,标准普遍偏低,且存在雨污管道合流,管道淤积等情况。见图 2.5-5、图 2.5-6。

（3）居民生活环境急需改善

小区建筑年代久远,公共设施老化;违章建筑较多,自建房屋风格杂乱;道路狭窄失养,架空线路乱拉乱接;公共绿地被占用,变为硬质铺装;停车位缺乏,停车缺乏管理;植物杂乱、退化严重,整体景观效果不好;居民缺少活动空间。见图 2.5-7。

图 2.5-5　历史积水点位置　　　　　　图 2.5-6　2015 年 6 月积水点实景照片

图 2.5-7　改造前小区内部实景照片

基于以上几点问题，本项目在金山湖南岸的老小区中具有代表性。同时，该区域无客水流经，属于排水管网起端，外界影响因素较小，便于对 LID 改造前后的数据进行收集、对比效果，因此被选择为示范工程。2015 年镇江市被确定为国家海绵试点城市后，市政府要求将该项目建设成为镇江第一个 LID 技术集成示范区，为其余老城区海绵改造项目提供经验指导，最终为镇江市 22km² 海绵建设试点区提供样板。

2.5.2　设计目标

（1）有效控制 30 年一遇暴雨径流，降低涝灾损失。

（2）面源污染负荷削减 60% 以上，改善金山湖水质。

（3）景观提升让社区更舒适，提高周围居民的满意度。

（4）选择适宜 LID 技术，最大程度提高径流控制率。

2.5.3　工程设计

2.5.3.1　设计流程

（1）收集资料及现场勘查

收集项目基础资料，包括水文地质条件、项目区域地形图及管网测量图。由于本项目为老小区改造，缺少建筑排水资料，且后期居民存在自行改建现象，因此，现场勘查中将建筑排水立管及现场井位逐一核对，照片编号存档。

现场踏勘时与现场居民深入交流，并与社区进行座谈，了解居民的真实需求和改造意愿。除此之外，对镇江市已有老小区改造项目进行调研分析，对不同改造模式进行比对，力求做到最优。

（2）方案设计

根据项目目标，综合考虑居民生活习惯、出行及停车需求，协调其他市政管线改造，调整项目内部总平面，规整道路及绿化。在总平面确定的前提下，根据径流流向划分汇水分区，在各分区内布置海绵设施。

采用 SWMM 模型（storm water management model，暴雨洪水管理模型）进行模拟，分析现状及改造后雨水径流情况，选取最优方案。

（3）概算分析及专家论证

对项目海绵方案进行工程造价估算，同时对不同改造模式下小区改造效果进行评估，多次组织专家论证，最终确定本项目改造内容：除海绵城市建设外，融入楼道内部出新、屋顶平改坡、外墙粉刷保温等多项内容，确保居民在海绵改造同时感受到居住环境提升。

2.5.3.2　设施选择

根据小区的实际情况，选择的海绵设施主要包括生物滞留设施、透水铺装、雨水调蓄池及雨水罐。

（1）生物滞留设施

生物滞留设施指在地势较低的区域，通过植物、土壤和微生物系统蓄渗、净化径流雨水的设施。本项目所采用的生物滞留设施主要包括雨水花园与生态草沟。雨水花园主要布设于宅间块状绿化，用于处理宅间铺装和屋面的雨水径流；生态草沟主要布设在停车场带状绿化内，用于处理停车场硬质铺装径流。两者结构相同，分为蓄水层、换植土层及碎石层三部分。参考不同国内外相关文献及试验数据，生物滞留设施中的换植土采用粗砂、椰糠和换植土相混合，椰糠能使土壤具有透水透气、保水吸水的功能，并可以持续缓慢分解，控制土壤中有机质含量。见图 2.5-8。

图 2.5-8　雨水花园

（2）透水铺装

透水铺装是典型的通过降低不透水面积比例而对径流进行调控的海绵措施，能使暴雨径流在很短的时间内入渗至更深的土壤中。本项目选取两种透水铺装形式，结构透水铺装与透水砖铺装。宅前铺装试验性地采用缝隙式结构透水铺装，砖厚约 10cm，砖间间隙为 6 ~ 8mm，底部碎石层厚约 40 ~ 70cm。缝隙式结构透水铺装采用普通混凝土砖，通过砖与砖之间的缝隙透水，铺设简单、强度高、透水性强、造价低，后期维护管养方便，综合经济效益和环境效益好。透水砖铺装用于停车场，颜色美观，适用于大面积铺装。见图 2.5-9。

（3）雨水调蓄池

雨水调蓄池是一种雨水收集回用设施，一方面可以实现水资源的循环使用，节约用水成本；另一方面也可有效缓解市政供水压力以及市政管网的排放压力，提高区域防涝能力。本项目采用塑料模块水池，将雨水调蓄池设于停车场生态草沟下，主要收集停车场大面积铺装的雨水，可为停车场及周边绿地提供冲洗和浇洒用水。见图 2.5-10。

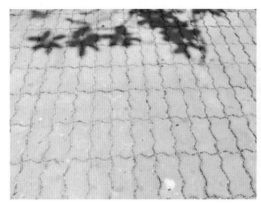

图 2.5-9 透水铺装实景照片

图 2.5-10 塑料模块水池照片

（4）雨水罐

雨水罐是一种小型的雨水收集回用装置，主要用于收集屋面雨水。本项目选取居民楼前合适的点位设置雨水罐，可让居民更多的体验到海绵城市改造的便捷与实用。见图 2.5-11。

图 2.5-11 雨水罐照片

2.5.3.3 总体方案设计

江二社区的海绵改造内容包括:(1)雨污分流:将有污水接入的雨水立管和宅前雨水管保留为污水管,末端改造后接入市政污水管网;重新布设雨水立管,避免居民污水进入雨水管道;(2)将小区内部绿地改造为生物滞留设施,取消原宅前雨水口,新增雨水立管及路面雨水进入雨水花园下渗、调蓄、净化处理后,在宅前末端通过溢流雨水口排入市政雨水管;(3)宅前人行通道及停车场改造为透水铺装;(4)局部点设置雨水罐收纳屋顶雨水。见图2.5-12。

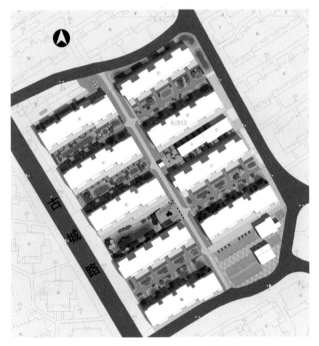

图2.5-12 项目总平面布置图

本项目综合应用"渗、滞、蓄、净、用、排"设施及其组合系统,改造透水路面及停车场1462m²,生物滞留设施3064m²,并设置雨水罐10只、雨水回用池20m³。

重新布局宅前空间,保留宅前道路但更换为透水铺装路面,拆除部分违建,恢复被侵占绿化。单元门及一楼庭院入户均预留出口通道。将有条件的绿化改造为生物滞留设施,利用架空木平台的形式在不影响雨水通道的前提下打造居民休憩活动空间。尽可能通过地面微地形改造,引导屋面及路面雨水进入生物滞留设施内进行下渗、调蓄、净化。

宅前人行通道均设为透水铺装,试验性地采用结构透水铺装,并加厚碎石层,使之与生物滞留设施碎石层相连通,增加雨水调蓄空间。见图2.5-13,图2.5-14。

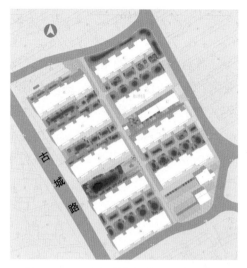

图 2.5-13 生物滞留设施平面布置图

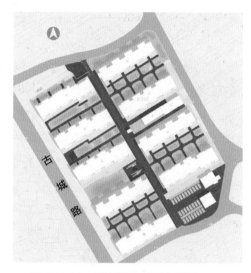

图 2.5-14 透水铺装平面布置图

　　针对居民停车难的问题，对示范区内东南角停车场进行改造。同时，将小区主路人行道降低，方便临时停车，增加了区域内停车位，方便居民生活。见图 2.5-15。

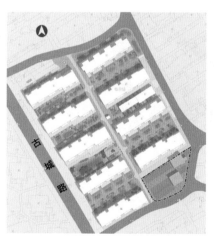

图 2.5-15 停车场区位图及改造意向图

　　在居民活动相对集中处及空间较为开阔处，结合新增雨水立管设置雨水罐，方便周围居民对雨水进行回用。见图 2.5-16。

2.5.3.4 分区详细设计

　　本项目仅有一个雨水排水出口，通过小区主路雨水管道排至古城路排水系统。根据雨水管网系统、雨水立管位置、宅前竖向及坡向可将场地划分为 12 个子汇水区。见图 2.5-17。

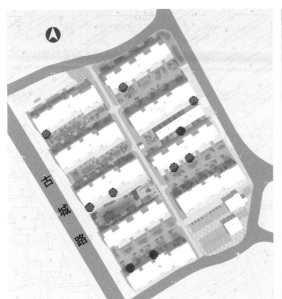

图 2.5-16　雨水罐位置图及意向图

图 2.5-17　子汇水区划分图

对每个子汇水区内进行详细设计，分别选取典型分区进行详细说明。

（1）分区 4

分区 4 为 105 ～ 104 栋间宅前空间，105 栋南侧为一楼庭院，104 栋北侧为住宅单元门，原有场地内绿化退化严重，局部被私自硬化，硬化面积不规则，且现有绿化高于道路，屋面雨水及地表雨水均直接排至管道内。见图 2.5-18，图 2.5-19。

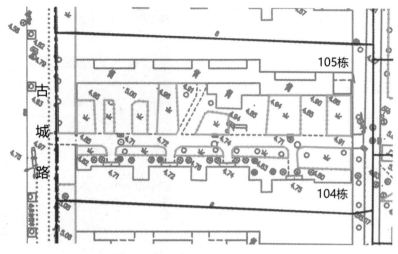

图 2.5-18　分区 4 改造前地形图

图 2.5-19　分区 4 改造前照片

设计将铺装与绿化重新规整：104 栋北边单元门通道保留，104 栋一楼院子与宅前路的联系通道适当合并、保证居民通行，原硬质地面拆除、恢复绿化。所有道路采用结构透水铺装，所有宅间绿化均设为雨水花园，雨水花园与透水铺装底部碎石层连通，增加调蓄空间。104 栋北侧雨水立管无混接现象，将雨立管断接，屋面雨水直接散排至雨水花园内；105 栋南侧雨立管有阳台废水接入，将原雨水立管作为污水管，新增雨水立管通过管道埋地过路后接至雨水花园内，相邻雨水花园蓄水层之间通过 4 根 d100连接管连通，末端雨水花园内设置溢流口，下渗、过滤、净化后多余雨水通过溢流口接至小区雨水管道内。见图 2.5-20。

宅前原雨水管保留为污水管，末端与小区主路下的污水管道连接。

（2）分区 12

分区 12 为 107 栋南侧停车场。原有场地内为混凝土地面及铺装，地面不平整，硬质化面积较大，竖向不合理，居民宅前易产生积水。私家车停放杂乱无序。仅有的绿化空间为高位花坛，无法对雨水径流发挥作用。见图 2.5-21，图 2.5-22。

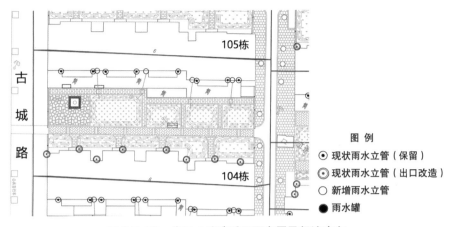

图 例
⊙ 现状雨水立管（保留）
◎ 现状雨水立管（出口改造）
○ 新增雨水立管
● 雨水罐

图 2.5-20　分区 4 改造后平面布置及径流走向

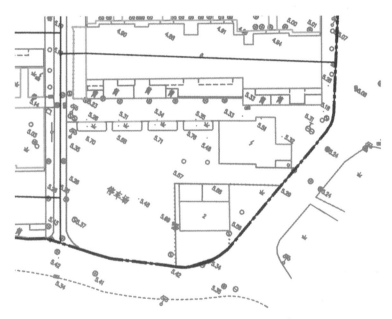

图 2.5-21　分区 12 改造前地形图

图 2.5-22　分区 12 改造前照片

设计将原有混凝土路面改造为透水停车场。重新布设停车位；将高位花坛降低、改造成带状的生态草沟。调整停车场竖向，将铺装雨水径流引导至草沟，并在草沟下设置雨水回用池，将经过生态草沟及透水铺装净化后的雨水收集、回用，用于绿化浇洒、洗车等。见图 2.5-23、图 2.5-24。

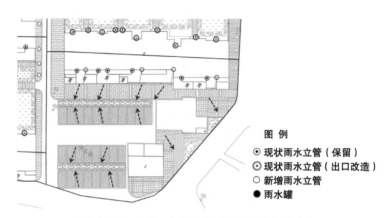

图 2.5-23　分区 12 改造后平面布置及径流走向

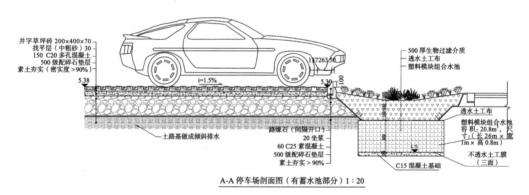

图 2.5-24　停车场剖面设计图

2.5.3.5　达标分析

通过 SWMM 软件对示范区暴雨径流进行模拟，分析现状及 LID 改造方案后雨水径流情况。见图 2.5-25。

选取一年内实测数据进行模拟，一年内实测降雨统计共 113 场，其中 7 场超过 34.6mm，仅占 6.2%。年总降雨量为 1032.6mm，总外排量为 173.5mm，仅占 16.8%。

模拟结果显示：1 年一遇降雨情况下，可达到 72% 的降雨量不外排，实现了径流削减与污染控制的目标；5 年一遇降雨情况下，总径流量削减了 58%，径流峰值削减了 48%，有效控制了外排流量；10 年一遇降雨情况下，总径流量削减了 54%，径流峰值削减了 43%，且将暴雨峰值延后；30 年一遇降雨情况下，总径流量削减了 47.5%，径流峰值变化不大。改造前共 24 个溢流点，涝水量为 512m³，其中 14 个点积水深度超过 15cm。改造后共 7 个溢流点，涝水量为 62m³，仅一个点积水深度超过 15cm，积水时间约 30min。见图 2.5-26，图 2.5-27。

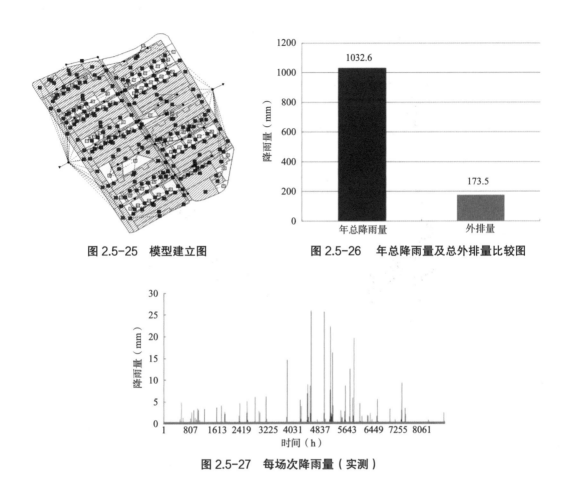

图 2.5-25　模型建立图　　　　　　图 2.5-26　年总降雨量及总外排量比较图

图 2.5-27　每场次降雨量（实测）

2.5.4　建成效果

项目建成一年多来，对江二社区与周边未改造的老旧小区的降雨过程和降雨前后径流和沉积物实际对比监测，得到初步评估结论：

（1）面源污染控制：沉积物的累积比老旧小区低 40.9% ~ 56.8%，颗粒物的重金属浓度比老旧小区低 36.5% ~ 49.7%，径流水质明显好于老旧小区。径流污染物浓度随降雨时间延长而有明显降低。雨水花园溢流水质 TSS 浓度比相邻老旧小区低 66%，再加上 80% 以上径流控制削减的面源污染负荷，完全能够达到面源污染（TSS）削减率 60% 的目标。

（2）径流流量控制：39mm 降雨时海绵设施内无出流，117mm 降雨时雨水管道出流量也很少。根据镇江市历年降雨资料，能够达到控制年径流总量 83% 的要求。

（3）通过实际运行的观察监测，区域内停车场下雨水调蓄池及居民楼下雨水罐水质良好，可满足道路绿化浇洒需求。

因此，本项目在不废除现有管网的情况下，通过海绵改造，实现了径流污染削减、洪涝风险降低及雨水收集利用，并改善了小区环境，提升了居民幸福感。见图 2.5-28。

图 2.5-28　项目改造后全景图

2.5.4.1　效益分析

（1）本项目为镇江市首个海绵城市试点项目，集成了不同海绵技术，因地制宜、改中求新、先行先试，最终为市区 22km² 海绵建设试点区提供样板，媒体报纸相继报道，产生了较好的社会影响。见图 2.5-28，图 2.5-29。

图 2.5-29　媒体报道图

（2）本项目从源头削减污染，过程控制降雨径流，充分利用雨水资源，充分体现了海绵城市及可持续发展的理念。设置了标牌、展板等宣传标识，接待各地各单位参观考察，对参观单位及周边居民普及了海绵城市知识，发挥了科普教育作用。见图 2.5-30。

图 2.5-30　LID 设施标牌及展板

（3）项目解决了居民停车难的问题，增加了公共活动空间，提升了小区居民生活品质。建成后做到了小雨不湿鞋。至今历经多次暴雨，原区域内局部积水处均无积水产生，有效缓解了强降雨产生的内涝现象，降低了社区因暴雨产生的财产损失，得到了居民的一致好评，具有良好的社会经济效益。见图 2.5-31。

图 2.5-31　改造后停车位图

（4）本项目建设过程中遇到问题、解决问题，为老小区改造积累了经验，探索了旧城改造新模式。建成后持续进行监测评估，其效果及数据对海绵城市科研及下一步的推广提供了科学支撑。见图 2.5-32。

降雨量与监测出流量对比图

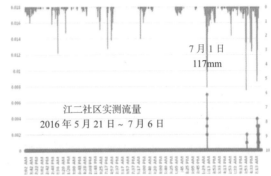

7月1日
117mm

江二社区实测流量
2016年5月21日~7月6日

图 2.5-32　监测设施及成果图

（5）该项目的建设，采用"海绵+"模式，以海绵化改造为主，其他市政基础设施同步改造。通过海绵设施有效控制初期径流污染、进行雨水回收利用，既削减了面源污染负荷，改善了下游水体水质，又结合景观配套一并提升市政基础设施，让社区更舒适，居民更满意。彻底改变了原先存在的"脏、乱、差"的老旧小区不良城市面貌，改善了人居环境。

2.5.4.2　竣工实景照片

见图 2.5-33。

图 2.5-33　竣工实景照片

第 3 章

城市道路海绵工程设计案例

城市道路在城市用地中占比 10% 以上，且以不透水的硬质地面为主，降雨径流易迅速形成峰值，对雨水管道系统产生冲击。城市道路污染较重，降雨产生的径流污染物浓度高，是城市面源污染的重要组成部分。道路积涝不仅影响交通秩序，甚至造成生命财产的损失。因此，城市道路的海绵建设，关键在于径流量控制、径流污染削减和排水防涝。但是由于道路的下垫面特征决定了其可选择的 LID 设施较少，其红线范围内绿化占比对控制雨水径流、削减面源污染至关重要。本章介绍了 4 条不同等级城市道路的海绵城市设计案例。

金塘北路海绵设计中，根据开发区交通特点，通过调整道路横断面，绿地率达到了 25%，从而使 LID 设施对径流总量、峰值的控制及对 TSS 削减率达到较高水平。

工农东路作为城市次干道，没有侧绿带，且红线范围内绿化占比不足 12%。海绵设计中根据场地条件因地制宜选择 LID 设施：充分利用南侧道路外绿化带设置生态草沟和涝水行泄通道，北侧则利用人行道绿带设置雨水花坛。辅之合理的植物种植，使该路在功能和景观方面都取得很好的效益。

龙门港路是位于圩区的城市支路，道路绿化被调整到与河道绿带合并。海绵设计以道路全线透水铺装为主要设施，并通过降低人行道高度，使超过下渗能力的雨水径流顺道路横坡进入两侧绿带，进一步带蓄、净化，削减入河雨水径流污染。

满足道路功能是道路海绵化改造以及海绵型道路设计的前提条件，秦皇大道案例重点介绍了一些特殊节点设计，不仅有效解决了强降雨时道路积涝的现象，而且保证了道路结构安全。为特殊地质和土壤条件下的海绵型道路建设提供了有益的经验。

3.1 温岭东部新区金塘北路海绵建设工程

道路等级：城市主干道
项目位置：温岭市东部新区北片区
项目规模：道路长度 4.32km，红线宽度 40m
建成时间：2016 年 7 月

3.1.1 项目概况

金塘北路位于浙江省温岭市东部新区北片区，是一条南北向城市主干道。设计范围北起 28 街，南至箸兴大道，全长约 4.32km，红线控制宽度 40m，红线外各有 20m 绿化退让。道路两侧主要为工业用地。见图 3.1-1。

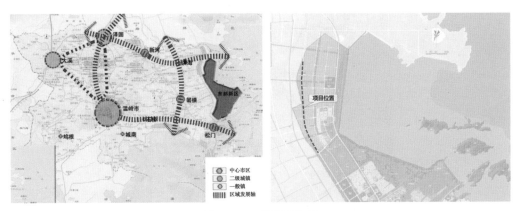

图 3.1-1 项目区位图

温岭市东部新区于 2010 年启动实质性建设，旨在打造温岭市经济中心、旅游休闲中心和生态示范区。东部新区总体规划指导思想第一条就是"贯彻生态化及可持续发展"，以"产业新城、宜居新区、生态城市"为发展方向。片区开发建设以低影响开发雨水系统构建为核心，开始探索"海绵城市"建设路径。金塘北路将打造成东部新区及温岭市第一条海绵型示范道路。

3.1.1.1 气象与水文地质条件

本项目地处东南沿海，气候温和，雨量充沛，属中亚热带季风气候区，全年季节变化明显，流域降水量年际变化较大，且年内分配很不均匀。多年平均气温为 17.3℃，极端最高气温 38.1℃，极端最低气温 –6.6℃；多年平均降水量 1709.8mm，多年平均蒸发量 1286.4mm。

东部新区为沿海丘陵平原东南沿海的岛屿区，属典型的滨海平原地貌。整个围区涂面比较平坦，无深大海沟及暗礁，涂面平均高程 1.2m，且由西向东倾斜，西侧涂面高程最高 2.8m，东侧涂面平均高程 0.5m，最低涂面高程 –10m。场区 75m 深度内主要分布的地层有淤泥质土、淤泥、黏性土。

地下水埋藏较浅，稳定水位在黄海高程 1.61 ～ 1.73m 之间，为接受大气降水和地表水渗入补给的潜水和孔隙承压水。地下水水位动态变化受季节性和地表水体影响，但变化幅度不大，一般在 0.50 ～ 1.00m 之间。地下水及邻近河流河水水质类型为氯化物—钠型咸水，经判定，场地地下水及邻近河流河水水质对在 II 类环境中的建筑材料混凝土具弱腐蚀性作用，对钢筋混凝土中的钢筋在干湿交替状态下具中腐蚀性作用。场地附近无污染源，根据当地建筑施工经验，场地地下水位以上土质对建筑材料混凝土具微腐蚀性作用。

3.1.1.2　场地条件

金塘北路原道路及排水设计已经完成，尚未施工。

（1）道路横断面

道路原设计横断面为 4.5m 人行道 ×2+5m 非机动车道 ×2+2.5m 机非分隔带 ×2+8m 机动车道 ×2，机动车道及非机动车道均坡向道路外侧，人行道坡向道路内侧。见图 3.1-2。

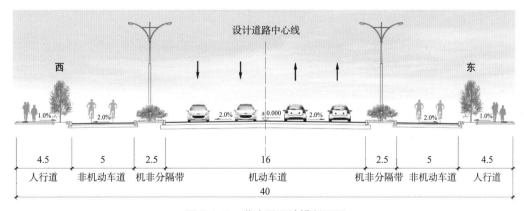

图 3.1-2　道路原设计横断面图

（2）道路竖向

道路设计标高在 3.598 ～ 5.017m 之间，坡度大部分较为平坦，在 0 ～ 0.3% 之间，局部跨桥位置坡度较大，设计范围内共 9 个相对低点。

（3）周边道路及水系情况

金塘北路（28 街～箬兴大道段）沿线与 9 条道路相交，分别为 28 街、27 街、26 街、25 街、24 街、23 街、22 街、21 街和箬兴大道，道路沿线交叉口均为平面交叉。跨越中升河、日升河，有桥梁 2 座。见图 3.1-3。

道路周边雨水受纳河道常水位为 1.50m，20 年一遇最高水位为 2.53m。现状河底高程在 –1.0 ～ –0.8m 之间。

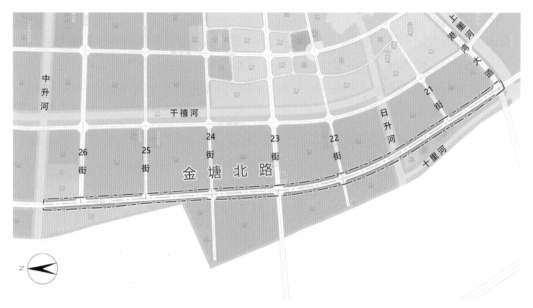

图 3.1-3　道路平面图

（4）场地现状条件

该片是东部新区围涂的二期工程，围区现状以大面积养殖水塘为主，其围区西高东低，西片高程 2.2 ～ 3.0m，东片为水面。见图 3.1-4。

图 3.1-4　场地未开发前水塘及养殖场

本次设计金塘北路（28 街～箬兴大道段）现状道路为临时道路，道路两侧为自然生长的植物。见图 3.1-5。

图 3.1-5　场地未开发前临时道路

（5）道路横断面调整

本道路是贯穿东部新区北片区的主干道，北片区为工业片区，道路两侧也均为工业性质用地，东西两侧均规划预留 20m 宽绿化带。通过交通需求分析可知工业厂区主要通行方式为机动车，行人通行量较少。原人行道 4.5m 宽空间较为浪费。而原机非分隔带仅 2.5m 宽，种植行道树后可利用空间较少，并且非机动车道坡向道路外侧，受人行道阻碍，非机动车道雨水径流无法沿地面流淌至机非分隔带绿化内。原道路横断面的绿化布局及道路坡向不满足生态化排水的需求，结合项目实际条件、道路定位、交通需求及生态化排水要求，将道路外退让绿化带结合道路综合考虑，调整其道路横断面为 16.5m 绿化带 ×2+2m 人行道 ×2+5m 非机动车道 ×2+8.5m 机非分隔带 ×2+8m 机动车道 ×2。并将慢车道坡向调整，使慢车道地表径流可进入机非分隔带。见图 3.1-6。

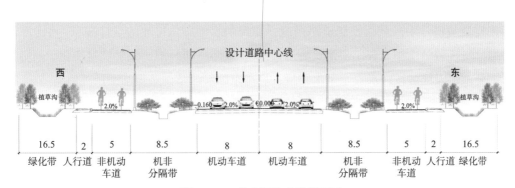

图 3.1-6　道路调整后横断面图

3.1.1.3　问题与需求分析

（1）受纳水体水环境保护要求高

东部新区水系均为受控水体，通过闸站与东海隔离，大部分时间水体相对静止，处于"死水"状态，水动力条件差，易造成水质恶化。

原道路横断面硬质面积占比高达87.5%。有研究资料表明，初雨径流产生的污染负荷远高于生活污水，而路面径流不经过处理就直接排入水体，将给受纳水体带来污染。

（2）土壤盐碱化，需利用雨水淋洗降盐

项目区域内现状基本为滩涂和海水冲沟，土壤盐碱化严重，水体盐度高，对植物生长不利，限制了植物品种多样性。原土均为淤泥，土壤渗透性能较差，自然降盐过程慢、时间长。将雨水渗滞、蓄积，充分发挥雨水对土壤的降盐作用，可改良土壤，有利于植物生长，营造优美环境。

（3）用水成本高，需利用雨水降低用水成本

东部新区滨海，淡水资源宝贵，用水水价高。道路硬质面积大，若道路及绿化浇灌使用自来水，成本较高。因此，雨水滞蓄利用是节约淡水资源的有效途径。

（4）降低内涝风险，防止交通阻断

滨海地区夏季易受台风影响产生强降雨。本道路标高在3.598～5.017m之间，地势相对较为平坦，部分路段甚至为平坡。北片水系常水位为1.50m，50年一遇最高水位为2.72m。采用传统排水管道设计，管道基本处于淹没流状态，无多余的调蓄空间。通过生态化排水措施能够有效降低内涝风险，保证在遭遇20年一遇强降雨时，道路中至少一条车道的积水深度不超过15cm。

3.1.2　设计目标

本项目设计于2013年，国内无相关海绵城市建设指导资料。为贯彻执行东部新区"生态化及可持续发展"的指导思想，本项目设计目标为：将雨水低影响开发措施融入排水与景观设计中，从而控制道路径流，实现雨水生态化排放的设计理念；考虑泄洪通道，与区域防涝相结合，使道路防涝系统达20年一遇标准，同时满足净化、削峰与防洪要求，保证区域内水安全及水环境，打造东部新区第一条海绵型示范道路。

3.1.3　工程设计

3.1.3.1　设计流程

（1）前期收集资料及协调沟通

收集项目相关资料，包括水文地质条件、项目区域地形图及周边厂区地块排水资料。

本项目为新建道路，原道路横断面已定，涉及多家设计单位及地块开发单位。由于设计目标发生变化，在深入研究之后，为满足生态化排水的需要，经多轮协调沟通，重新调整道路横断面及竖向。

原道路排水管道系统已设计完成，采用的是传统的快排式雨水收集系统：沿道路方向机非分隔带内设置两道雨水管道，机动车道及人行道设置雨水口收集路面径流。本方案通过调整道路横断面及改变道路横坡，对雨水收集系统进行重新设计。

（2）方案设计

根据径流流向划分汇水分区，在各分区内布置海绵设施，尽量减少沿路传统雨水管道布置。局部交叉口路段结合海绵设施布置沟通管道。雨水经下渗调蓄净化后最终排至河道。

采用 XP-SWMM 模型，分别模拟各暴雨重现期雨水径流情况，根据模型结果调整设计方案。

在海绵方案确定的基础上进行景观优化设计，选取适宜的植物及局部节点美化。

（3）绩效分析

核算海绵设施效果，进行经济效益、生态效益及社会效益评价。

3.1.3.2　总体方案设计

（1）汇水分区划分

综合考虑道路竖向、周边管网及河道水系情况，全路段共划分 7 个汇水分区，雨水分段收集排放，排放方向如表 3.1-1 所示。见图 3.1-7。

图 3.1-7　雨水排放方向示意图

汇水分区划分及排向		表 3.1-1
序号	汇水分区	排放方向
1	25 街~中升河	中升河
2	25 街~24 街	通过 25 街市政雨水管道排至千禧河
3	24 街~23 街	利用 24 街、23 街已有市政雨水管道排至千禧河
4	23 街~日升河	日升河
5	21 街~日升河（东侧）	日升河
6	21 街~上墨河（东侧）	上墨河
7	日升河~上墨河（西侧）	十里河

（2）措施选择

根据问题与需求分析，结合本道路实际情况，选择合适的生态化排水设施。

①生态草沟

机非分隔带内主要选用生态草沟，主要分为蓄水层、换填土层和碎石层。道路范围内路面雨水径流均进入机非分隔带内进行下渗净化后缓排，确保受纳水体水质。同时，可以减少绿化浇灌用水量，降低自来水用水量。见图3.1-8。

图 3.1-8　机非分隔带内生态草沟效果图

本道路机非分隔带宽度有8.5m。由于道路是在原涂面上用宕渣回填起来的，水平和垂直渗透性能都很强。为防止雨水渗透至道路基础，在草沟靠近道路的两侧采用防渗膜进行防渗，保证道路结构安全。底部不用防渗土工膜进行阻隔，使部分雨水可继续下渗，补充涵养地下水，加速降盐排盐，有利于植物生长。

②自然排水系统

控制红线外16.5m绿化带的标高低于道路，也低于两侧工业用地的规划标高，在绿化带内布置植草沟，草沟穿越道路部分采用管道连接，形成一套自然排水系统。主要承接地块内雨水排放及机非分隔带内雨水排放，代替传统的雨水管道发挥径流排放的作用。小雨时附近地块地表径流自流进入绿地，被植物拦截、净化、下渗的同时，也为植物提供生长用水。发生超标暴雨时，雨水可在绿地临时积蓄，并通过草沟排向附近河道，起到蓄涝、缓排的作用。

草沟与道路相接部分选用旱溪。见图3.1-9。

图 3.1-9　旱溪意向图

（3）总体方案设计

在8.5m机非分隔带内设置生态草沟，机非分隔带路牙采用平路牙，机动车道及非机动车道的地表径流分散进入生态草沟。生态草沟与道路坡度基本一致，平均深度约为30cm，底部设有排水层，路面雨水通过下渗净化后进入底部盲管。生态草沟中每隔一段设有溢流雨水井，盲管最终就近接入溢流雨水井。溢流雨水通过横向管道接入红线外绿化带内的草沟。见图3.1-10，图3.1-11。

（图中标注文字）

十字沟　植被缓冲带　生物滞留草沟　生物滞留草沟　路外草沟

道路低点排涝管道

地表径流方向
管道排水方向

图 3.1-10　典型区域雨水径流路径图

图 3.1-11　道路设计效果图

　　道路两侧绿化带内设置的草沟，主要收集道路两侧地块内雨水。道路两侧地块内排水接入草沟前必须设置露天雨水塘或敞开式溢流水池，保证地块内雨水排放可视化，防止工业厂区偷排污水。草沟在规划工业用地出入口及穿越道路时，用管道连接两端。

　　发生超标准暴雨时，红线外绿地以及草沟共同发挥作用，在滞蓄涝水、延缓径流峰值的同时，草沟作为泄流通道将涝水排入附近水系，使金塘北路防涝达到 20 年一遇标准。

3.1.3.3　典型设施节点设计

（1）生态草沟换植土

　　生态草沟中土壤对于水质处理、雨水下渗以及植被的生长都有着重要作用，既要有一定的渗透速率能够让雨水径流下渗过滤，又要能够维持和促进植被生长。本项目设计时期国内无相关标准及经验可参考借鉴，设计时参考《新西兰雨洪管理手册》中关于最佳换植土壤为 30% 堆肥、30% 表土和 40% 砂的混合物。本设计中考虑过高的营养物质将影响设施去除污染物的效果，过多的砂含量将影响植物的生长效果，经过多方面研究探讨，适当降低砂和腐殖土的含量，最终换植土推荐采用 35% 砂、45% 表土和 20% 腐殖土。

（2）溢流检查井

溢流检查井设于机非分隔带内，当雨水积蓄到一定深度时，可通过溢流检查井排出。设计时应注意防止溢流口堵塞。本项目开展时，国内海绵城市尚未推广，相关新产品及生产厂家相对较少。本设计采用涡轮雨水口（图 3.1-12），该雨水口具有排水畅通，不易堵塞，经久耐用且防盗等众多优点。当生态草沟内蓄水超过溢流水位时，雨水可通过该溢流雨水口进入管道系统，同时将杂物拦截。

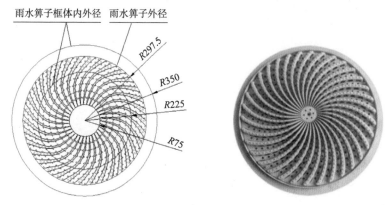

图 3.1-12　涡轮雨水口设计图及实物图

（3）过路涵管

路外绿化带内草沟穿越道路部分需采用管道连接，以确保排水系统的完整性。该草沟深 0.8 ~ 1.8m，宽 8 ~ 12m，穿越道路的管道既要满足道路及地块雨水排放标高的需求，又需满足车辆荷载的要求。通过流量核算及模型模拟，过路管管径需 d1200，以确保内涝设计重现期下不产生壅水。但是若采用 d1200 管道，管道覆土小于 0.6m，在道路车辆荷载的影响下易产生损坏。因此穿越道路管道采用双排 d1000 球墨铸铁管，确保道路下管道覆土深度不小于 0.7m。交叉口两端 30m 范围内设置旱溪，管道延伸至旱溪末端，排出口采用杉木桩与周边衔接，达到自然生态的效果。

3.1.3.4　景观设计

本项目景观设计原则为：

（1）适地适树原则——考虑土壤盐碱性较重因素，以乡土树种为主，适当应用经过试验和适合当地自然条件的引进种树；

（2）生态、自然美学原则——景观设计以绿化为主，采用速生小规格树种构建城市生态走廊,实现景观的可持续发展;整条道路常绿、落叶树种合理搭配,保持自然形态;旱溪区域增加植物的多样性,烘托节点景观效果;

（3）功能性设施景观化原则——不仅针对视觉，更主要的是结合生态化排水技术进行景观设计，使功能与美学并存。

上层以女贞、乌桕、黄山栾树、金合欢、香樟、墨西哥落羽杉、中山杉、无患子为基础乔木，中层以红叶李、夹竹桃、紫荆、花石榴为辅，下层常春藤、酢浆草、兰花三七、韭兰、白三叶等轮换种植，对称却不乏变化，变化而不失统一。形成色彩上的差异与排列上的高低错落，增加观赏性。

3.1.3.5　达标分析

利用 XP-SWMM 进行模拟，设计降雨量取自《温岭东部新区水利规划整编》中的成果，不同频率 24h 的设计降雨如表 3.1-2 所示。

24h 设计降雨统计表	表 3.1-2
重现期（年）	24h 雨量（mm）
1	67
2	130
5	190
10	236
20	280
50	338
100	381

设计雨型如图 3.1-13、图 3.1-14 所示。

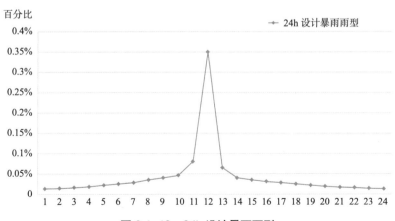

图 3.1-13　24h 设计暴雨雨型

模型结果显示，20 年一遇降雨下本道路基本无内涝风险。

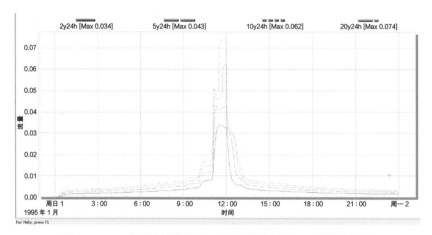

图 3.1-14　典型设计草沟在不同设计频率暴雨下流量过程线

本项目道路主体于 2015 年建成，景观种植于 2016 年完成。项目建成以来历经多次暴雨，海绵设施运行效果良好。2016 年 6 月 16 日下午降雨 57.4mm，路面径流收集效果良好，雨水汇集至机非分隔带内生物滞留设施中。6 月 17 日上午机非分隔带内已无积水，下渗效果良好。见图 3.1-15 ~ 图 3.1-17。

图 3.1-15　2015 年 7 月 30 日"灿鸿"台风时的金塘北路（2015 年初道路工程完成）

图 3.1-16　2016 年 6 月 16 日下午实景照片

图 3.1-17　2016 年 6 月 17 日上午实景照片

根据现场实际观察及水质监测（监测点设在日升河出水口），排口出水较为清澈，达到Ⅳ类水水质标准。见图 3.1-18。

图 3.1-18　排口出水水质情况

监测结果显示：① LID 设施对径流中 TSS 削减率达 90%，占街尘累积量的 13.1% ~ 16.7%，溢流时 TSS 输出量占街尘累积量的 0.6% ~ 3.8%，占径流冲刷量 3.9% ~ 5.0%；②溢流排放的水中的污染物（COD、NH4-N、TN、TP）浓度低于《地表水环境质量标准》GB 3838—2002 Ⅳ类水标准值；③ LID 设施对 TSS 的去除率具有相对选择性，其中小于 $10\mu m$ 和大于 $250\mu m$ 的细颗粒物去除率更高。

3.1.4　建成效果

本项目源头削减污染，过程控制降雨径流，充分利用雨水资源，且结合景观设计展现了东部新区主干道的自然生态风貌，充分体现了海绵城市及可持续发展的理念。见图 3.1-19 ~ 图 3.1-24。

图 3.1-10　项目建成实景图（一）

图 3.1-20 项目建成实景图（二）

图 3.1-21 金塘北路机非分隔带内实景照片

图 3.1-22 金塘北路路外绿化带实景照片

图 3.1-23　路外草沟过路连接管道进出口

图 3.1-24　海绵设施科普教育标识

本道路 2016 年 7 月竣工，建成以来成为温岭市海绵城市建设道路样板，接待了各级调研考察团队。浙江省调研组对东部新区"海绵城市"建设给予了充分肯定，认为可在全省推广。

2016 年温岭市被评为浙江省海绵城市试点城市，2017 年初，温岭东部新区"海绵城市"建设已列为国家新型城镇化标准化试点。金塘北路被评为 2017 年度"台州市优秀园林工程"，受到了各地各界的一致好评。金塘北路的海绵城市建设将为全国海绵城市建设提供样板。

3.2　长沙望城工农东路海绵建设工程

道路等级：城市次干道
项目位置：湖南省长沙市望城区
项目规模：道路长度 755m，红线宽度 26m
竣工时间：2017 年 6 月

3.2.1　项目概况

工农东路位于湖南省长沙市望城区滨水新城，西接雷锋大道，东至潇湘大道（图 3.2-1）。设计道路全长 755m，规划红线宽度 26m，为城市次干道。现状土地以农田、水塘为主，规划道路北侧以居住用地为主，道路南侧与斑马湖之间为公共绿地。本项目于 2016 年 7 月底开始进行 LID 施工图设计，海绵建设总投资 277 万元。

图 3.2-1　工农东路区位示意图

3.2.1.1　气象与水文地质条件

长沙市望城区属中亚热带季风湿润气候，气候温和，四季特征分明，热量充足，雨水充沛，严寒期短，暑热期长。多年平均气温 27.1℃，多年平均降水量 1200 ~ 1700mm，多年平均蒸发量 1316mm；每年 4 ～ 6 月为多雨季节，降水量约占全年的 51%。

根据野外地质勘查调查情况及钻探结果，沿线出露覆盖层主要有第四系素填土、冲洪积粉质黏土、圆砾，覆盖层厚度大于 20m。设计路段地下水主要为第四系覆盖层中的孔隙潜水及基岩裂隙水，上层滞水主要赋存于素填土、换植土及淤泥中，潜水主要赋存于圆砾中，具弱承压性。地下水的补给来源主要为大气降水、附近沟和塘的地表水及湘江河水的侧向补给。地下水位及水量变化均直接受季节因素、大气降水和附近池塘的影响。

地下水埋藏浅，第四系土层受地下水影响，含水量较高，属中湿型土层，物理力学性质一般。

3.2.1.2 场地条件

（1）下垫面条件

工农东路为新建道路，整个道路周边地块都处于待开发状态，海绵城市建设条件良好。道路为一块板形式，车行道采用沥青路面，以 1.5% 的坡度向道路两边放坡。人行道采用透水铺装，且向道路中心线放坡。

（2）道路横断面

工农东路规划红线宽度 26m。道路为一块板形式，其标准道路横断面尺寸为：北侧人非混合道 5.0m+ 机动车道 14.0m+ 南侧人非混合道 7.0m=26.0m。见图 3.2-2。

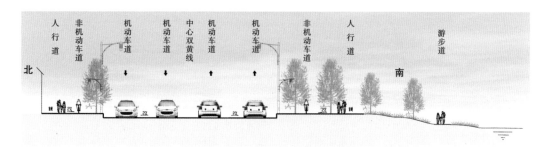

图 3.2-2　工农东路改造前断面图

（3）竖向与管网条件

工农东路整体较为平坦，道路两端高、中间低，道路建设范围内标高最低点为 31.96m，最高点为 34.03m，唯一的低点位于桩号 K0+280 处，道路最小纵坡为 0.3%，最大纵坡为 0.8%。

道路排水采用分流制系统，设计雨水管道服务面积 11.8hm²，设计标准为 3 年一遇。道路雨水通过管道系统由西向东排放至斑马湖水系，再由斑马湖雨水泵站提升至湘江。

3.2.2 设计目标及原则

综合考虑工农东路气候条件、水文地质、地理情况，结合海绵城市建设理念及规划管控要求，确定项目设计目标。

3.2.2.1 设计目标

根据《长沙市望城区海绵城市建设专项规划》等上位规划条件对工农东路径流总量及污染控制的指标要求，本项目年径流总量控制率为75%，对应设计降雨量24.14mm，望城区年径流总量控制率与设计降雨量对应关系见图3.2-3。面源污染负荷削减不低于60%，防涝标准为：在遭遇50年一遇暴雨时，保证地面一条车道的积水不超过15cm。

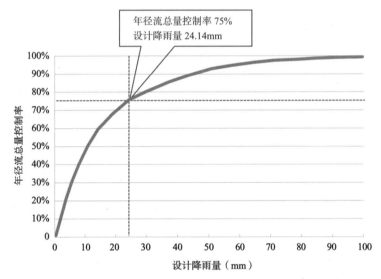

图 3.2-3 年径流总量控制率——设计降雨量对应关系曲线

3.2.2.2 设计原则

（1）生态优先，因地制宜

工农东路雨水排放至斑马湖，最终通过泵站抽水排入湘江。为减轻泵站负担、降低面源污染对斑马湖水质的影响。应在道路建设中落实低影响开发理念，实现雨水的自然渗透、滞蓄、净化。工农东路北侧规划为居住用地，无绿化退让，低影响开发源头设施应在道路红线范围内设置；道路南侧为斑马湖公园绿地，应优先利用公园绿地设置低影响开发设施。

（2）安全为本，经济合理

在确保不对道路基础造成破坏性影响的前提下进行海绵城市建设，并根据项目的实际条件，选用适宜的海绵设施。根据木项目的定位和特点，优先选用低建设成本、便于运营维护，环保、节地的技术措施和材料，合理利用地形和管网条件、合理布局，充分利用和发挥 LID、管网等不同设施的功能。

（3）景观协调，多目标统一

种植植物优先选用根系发达、茎叶繁茂、净化能力强的本地植物，也可以搭配不同的种植植物，提高去污性和观赏性。此外，海绵设施的景观还要与道路南侧的斑马湖公园绿地功能相互协调、融合。

3.2.3　工程设计

3.2.3.1　设计流程

本项目海绵城市设计按照《海绵城市建设技术指南（试行）》中的设计流程要求，具体见图 3.2-4。

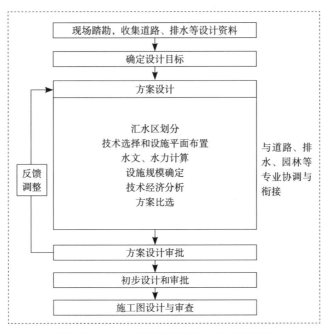

图 3.2-4　工农东路海绵城市 LID 设计流程

前期收集资料包括：

（1）周边场地条件

工农东路现状土地以农田、水塘为主，规划道路北侧为居住用地，道路南侧与斑马湖之间为公共绿地。

（2）设计资料

工农东路为新建道路，车行道设计采用沥青路面，人行道采用透水铺装。道路两端高，中间低，低点位于桩号 K0+280 处。

道路雨水管道设计标准为 3 年一遇，设计管径 DN1500，埋深 0.93 ~ 2.89m。人行道边设置平箅雨水口，将道路雨水收集至管道，排放到斑马湖水系。

（3）设计降雨量

工农东路对应年径流总量控制率 75% 的设计降雨量为 24.14mm。

3.2.3.2 总体方案设计

（1）设计调蓄容积计算

工农东路的下垫面类型包括硬质沥青路面和透水铺装两类，其中道路北侧的硬质沥青路面面积为 5283m²，透水铺装的面积为 3774m²，道路南侧的硬质沥青路面面积为 5283m²，透水铺装的面积为 5283m²，参考《海绵城市建设技术指南（试行）》中各类型下垫面雨量径流系数取值，硬质沥青路面的径流系数取 0.9，透水铺装的径流系数取 0.2，采用加权平均法分别计算道路南北两侧的综合雨量径流系数，得到道路北侧的综合雨量径流系数为 0.6，道路南侧的综合雨量径流系数为 0.55，工农东路的综合雨量径流系数为 0.58。详细计算过程参见表 3.2-1，按照容积法计算，工农东路设计总调蓄容积须不小于 273.31m³。

工农东路下垫面情况　　　　　　　　　　表 3.2-1

编号	下垫面类别	面积 A（m²）	百分比 η（%）	雨量径流系数 φ
1	硬质沥青路面	10566	53.8	0.9
2	透水铺装	9058	46.2	0.2
合计		$A=A_1+A_2$	$\eta=\eta_1+\eta_2$	$\varphi=(A_1\times\varphi_1+A_2\times\varphi_2)/(A_1+A_2)$
		19624	100	0.58

（2）汇水分区

根据道路竖向分析，工农东路红线范围内只有一个低点，位于桩号 K0+280 处，最低点标高为 31.96m，根据"高—低—高"方式，将工农东路作为一个汇水分区。见图 3.2-5。

（3）设施选择

根据工农东路汇水分区所需调蓄容积及下垫面属性，统筹考虑红线内外绿地空间及降雨径流控制条件（设计降雨和 20 年一遇降雨），结合设施径流组织及管网衔接

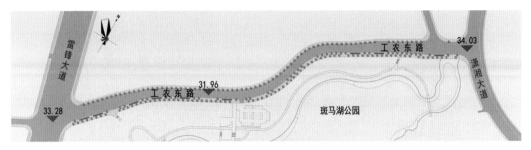

图 3.2-5　工农东路竖向分析

关系，布置源头海绵设施。主要选择了雨水花坛、生态草沟、透水铺装和涝水泄流通道等雨水设施进行雨水径流控制。

① 雨水花坛

工农东路北侧现状土地以农田、水塘为主，规划用地为居住用地，用地之间无绿化退让，LID 设施只能在道路红线内考虑。人非混合道宽度为北侧 5m、南侧 7m，在与车行道相邻处有约 1.2m 宽的绿带。设计采取在绿带部分、行道树之间沿路设置生物滞留设施，对北半幅道路的雨水径流进行源头控制。由于绿带较窄且结构深度较大，选取具有混凝土结构壁的雨水花坛，以保证道路结构安全。见图 3.2-6。

图 3.2-6　雨水花坛

② 生态草沟

道路南侧为斑马湖公园，可优先利用公园绿地设置低影响开发设施相结合，选择在斑马湖景观带内设置生态滞留草沟，并在南侧人非混合道设置过水暗涵将南侧车行道雨水引入外侧生态滞留草沟。见图 3.2-7。

图 3.2-7　生态草沟

③ 透水铺装

本项目南侧为斑马湖公园，结合景观营造，道路的人非混合车道采用全透型彩色透水混凝土，在底基层中设置盲管，将路面渗透下来的雨水收集、排放到雨水花坛或生态草沟。

④ 涝水泄流通道

在工农东路道路竖向低点位置，将人行道下凹，将涝水排出路外，确保在遭遇 20 年一遇降雨时，道路积水不超过 15cm。

通过上述措施实现针对不同重现期降雨，兼顾"源头减排"、"管渠传输"、"排涝除险"等不同层级且相互耦合的雨水控制利用系统。见图 3.2-8，图 3.2-9。

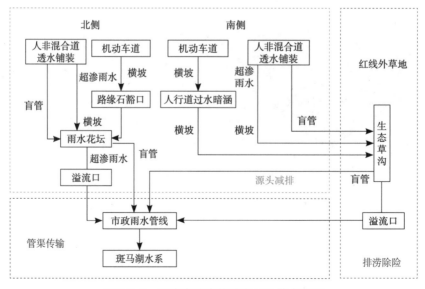

图 3.2-8　工农东路海绵城市 LID 技术流程

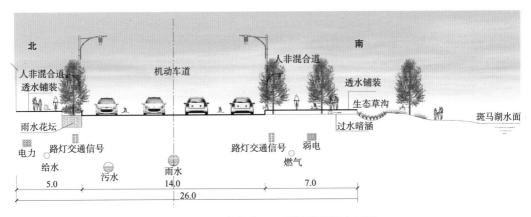

图 3.2-9　工农东路 LID 设计横断面布置图

3.2.3.3　详细设计

设施布局与径流组织

①道路雨水源头控制系统（径流量控制）

道路北侧的雨水花坛承接北侧快车道及人行道的雨水，即：车行道雨水通过路牙开口导入雨水花坛内，调整原道路设计的人行道坡向，使人行道雨水坡向雨水花坛，雨水通过净化、过滤及下渗后经盲管收集进入雨水管道，超渗雨水通过设置在雨水花坛低点的溢流雨水口进入管道系统。人行道透水铺装盲管雨水接入雨水花坛。

道路南侧生态草沟承接南侧车行道及人非混合道雨水，即：人非混合道通过散水排至路外草沟，车行道雨水通过人行道过水暗涵引入路外草沟，通过净化、过滤及下渗后经盲管收集进入雨水管道，超渗雨水通过设置在草沟低点的溢流雨水口进入管道系统。人行道透水铺装盲管往南接入路外生态草沟。见图 3.2-10。

图 3.2-10　工农东路 LID 设计径流组织图

② 雨水管道系统

LID 设施内结合已施工管道位置及已设计雨水检查井（雨水口）分段设置溢流雨水口（井），超标雨水进入溢流雨水口（井），利用雨水管道系统排放到下游水体。

③ 防涝系统

工农东路道路竖向共 1 个低点，位于桩号 K0+280。在该点南侧人行道下设置涝水泄流通道，将超过管道收集系统设计能力的雨水径流引入道路南侧生态草沟，涝水在此滞、蓄、消能、沉淀后，通过增设的雨水管道排入南侧斑马湖水系。

3.2.3.4 典型设施节点设计

（1）雨水花坛

北侧车行道雨水通过雨水花坛的路牙开口引入树池内；人行道透水铺装超渗雨水随横坡散排进入雨水花坛内。雨水花坛的主要材料包括换植土层、碎石层和软式透水管。

换植土层土壤级配，可采用当地材料进行级配（如砂、土、锯末，菌渣等），但任何换植土层级配土壤需进行试验，实验数据符合相应指标后，方可换填施工。

为了强化雨水花坛换植土层的排水能力，碎石层中需设置 FH100 的软式透水管。见图 3.2-11。

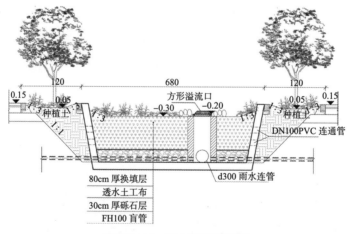

图 3.2-11 雨水花坛断面图

（2）生态草沟

生态草沟主要布置在道路南侧公园绿化带内，其结构分为蓄水层、换植土层、碎石层三部分。断面图见图 3.2-12。

覆盖物位于土壤表层，有助于保持土壤水分，防止水土流失，避免因表面密封导致的透气性降低，并提供适合土壤生物群生存的环境。覆盖物由碎树皮组成，不含其他杂质，如杂草种子、土、树根等，厚度为 50 ~ 75mm。

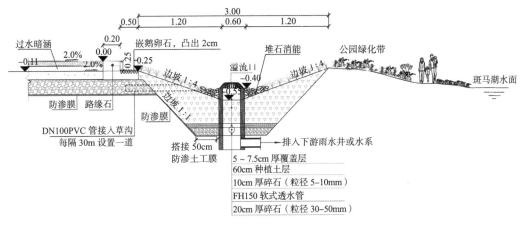

图 3.2-12　生态草沟断面图

换植土层土壤下渗率不小于 150mm/h，TSS 去除率不小于 75%，pH5.5 ~ 6.5，其余如 N、P、COD、重金属等污染物的削减指标应满足滨水新城地表水控制目标水质标准。

碎石层厚度为 30cm，砾石粒径采用 0.5 ~ 1.0cm 及 3 ~ 5cm 两种。碎石层内采用 FH150 的软式透水管，遇树木或现状构筑物处可适当弯曲，就近接入溢流口或雨水井内。

（3）透水铺装

工农东路道路南北两侧的人行道实施透水铺装，透水混凝土强度等级为 C30，28 天抗压强度 ≥ 30MPa，弯拉强度 ≥ 3.5MPa，透水系数 ≥ 0.5mm/s。

透水铺装胀、缩缝可与雨水花坛的间距模块对应设置，每个雨水花坛处设缩缝一道，每间隔 5 个雨水花坛设胀缝一道。

透水铺装层排水采用 FH50 软式透水管沿慢行系统横坡低处纵向布置，收集路面下透雨水后再通过每隔 30m 一道的 PVC 管接入生态功能区，北侧铺装排水就近接入雨水花坛，南侧铺装排水接入南侧生态草沟。

（4）人行道暗涵

道路南侧车行道雨水通过南侧的人非混合道过水暗涵引入道路外侧草沟，每隔 25m 设置一个人行道过水暗涵，设置位置可根据道路图确定的较低点进行适当调整，每个暗涵出口至草沟底需结合绿化景观堆砌块石扩散消能。

（5）溢流雨水口（井）

将原设计的道路平箅式雨水口取消，用溢流雨水口代替。溢流雨水口布置于生态草沟及雨水花坛内，就近接入雨水检查井内。

雨水花坛内的溢流雨水口采用方形溢流雨水口，部分雨水花坛内溢流口采用通气帽的形式；生态草沟内的溢流雨水井井盖改为圆形溢流雨水井盖，雨水井的位置根据现场低点调整。溢流口周围应散铺卵石，起到沉淀杂质、缓冲径流的作用。

3.2.3.5 达标分析

（1）年径流总量控制率

根据工农东路的下垫面情况，由容积法计算公式，经表 3.2-2 可得各类下垫面所需控制容积为 273.31m³。

工农东路控制容积计算 　　　　表 3.2-2

编号	下垫面类别	面积 A（m²）	雨量径流系数 φ	设计调蓄容积 V_x（m³）
1	硬质沥青路面	10567.2	0.9	229.58
2	透水铺装	9057.6	0.2	43.73
合计		$A=A_1+A_2$	$\varphi=(A_1\times\varphi_1+A_2\times\varphi_2)/(A_1+A_2)$	$V_x=V_{x1}+V_{x2}$
		19624.8	0.61	273.31

工农东路北侧采用透水铺装、雨水花坛设施组合，由表 3.2-3 计算可得总控制容积 108.33m³。每座雨水花坛净尺寸长 6.5m、宽 1.2m，全线共布置 38 座；透水铺装仅考虑径流系数的折减。

工农东路北侧 LID 设施控制容积计算 　　　　表 3.2-3

编号	设施类型	数量（座）	设计参数	设施控制容积 V_x 算法	数值（m³）
1	雨水花坛	38	蓄水深度 0.15m，换植土层厚 0.8m，碎石层厚 0.3m	$V_x=n\times$（蓄水深度 ×1+ 换植土层厚度 ×0.2+ 碎石层厚度 ×0.4）×1.2×6.5×0.85	108.33
2	透水铺装		仅参与综合雨量径流系数计算，结构内空隙容积不计入调蓄容积		0
合计					108.33

工农东路南侧采用透水铺装、生态草沟设施组合，由表 3.2-4 计算可得各类设施总控制容积 362.7m³。生态草沟上口宽 3m，边坡 1:4，综合控制容积折减系数取 0.5。

工农东路南侧 LID 设施控制容积计算 　　　　表 3.2-4

编号	设施类型	长度 L（m）	设计参数	设施控制容积 V_x 算法	数值（m³）
1	生态草沟	620	蓄水深度 0.15m，换植土层厚 0.6m，碎石层厚 0.3m	$V_x=L\times$（蓄水深度 ×1+ 换植土层厚 ×0.2+ 碎石层厚 ×0.4）×3×0.5	362.7
2	透水铺装		仅参与综合雨量径流系数计算，结构内空隙容积不计入调蓄容积		0
合计					362.7

经核算，工农东路 LID 设施实际总控制容积为 471.03m³，满足雨水控制容积 273.31m³ 的要求，相当于 41.6mm 设计降雨量，对应年径流总量控制率 86%，满足规划控制目标的要求。

（2）面源污染削减率

根据《海绵城市建设技术指南（试行）》：面源污染（TSS）削减率 = 年径流总量控制率 × 低影响开发设施对 TSS 平均削减率。

参照《长沙市望城区海绵城市建设技术导则》，各类海绵设施对于径流污染物的削减率应以实测数据为准，缺乏资料时，可按表 3.2-5 取值：

各类海绵设施对于径流污染物的控制率　　　　表 3.2-5

单项设施	面源污染削减率（以 TSS 计）	单项设施	面源污染削减率（以 TSS 计）
透水砖铺装	80% ~ 90%	蓄水池	80% ~ 90%
透水水泥混凝土	80% ~ 90%	雨水罐	80% ~ 90%
透水沥青混凝土	80% ~ 90%	转输型植草沟	35% ~ 90%
绿色屋顶	70% ~ 80%	干式植草沟	35% ~ 90%
下沉式绿地	—	湿式植草沟	—
简易型生物滞留设施	—	渗管/渠	35% ~ 70%
复杂型生物滞留设施	70% ~ 95%	植被缓冲带	50% ~ 75%
湿塘	50% ~ 80%	初期雨水弃流设施	40% ~ 60%
人工土壤渗透	75% ~ 95%		

注：SS 削减率数据来自美国流域保护中心的研究数据。

本项目设置雨水花坛和生物滞留草沟，各类海绵设施对于径流污染物的削减率如表 3.2-6 所示。

本项目各类海绵设施对于径流污染物的削减率计算　　　　表 3.2-6

LID 设施	控制容积（m³）	面源污染削减率（以 TSS 计）
生物滞留草沟	362.70	80%
雨水花坛	108.33	85%
透水铺装	0.00	80%
平均值	—	81.15%

各类海绵设施组合对 TSS 的平均削减率为 81.15%。

面源污染（TSS）削减率 = 年径流总量控制率 × 低影响开发设施组合对 SS 的平均削减率 = 86% × 81.15%=69.79% > 60%，满足面源污染削减的目标。

3.2.3.6 LID 设施种植建议

雨水花坛、生态草沟既是一种有效的雨水收集和净化系统，也是装点环境的景观系统。植物的选择既要具有去污性又要兼顾观赏性，植物的选择遵循以下原则：

（1）优先选用本土植物，适当搭配外来物种；

（2）选用根系发达、茎叶繁茂、净化能力强的植物；

（3）选用既可耐涝又有一定抗旱能力的植物；

（4）选择可以相互搭配种植的植物，提高去污性和观赏性。

工农东路的雨水花坛种植植物为金森女贞、麦冬镶边，辅以少量美人蕉以提高观赏性；生态草沟的种植植物为以狗牙根、黑麦草为主的草坪，同时在草沟的低点位置敷设规格 10~20cm 粒径的卵石以防冲刷。雨水花坛及生态草沟选配的植物见图 3.2-13。

金森女贞　　　　　麦冬　　　　　狗牙根　　　　　黑麦草

图 3.2-13　雨水花坛及生态草沟选配植物

3.2.4　建设效果

3.2.4.1　工程造价

工农东路海绵城市工程总投资 277 万元，人非混合道透水铺装单价约 181.95 元 /m²，雨水花坛单价约 7519.39 元 / 座，生态草沟单价约 562.44 元 /m。

3.2.4.2　效益分析

工农东路海绵城市 LID 项目依托滨水新城规划基础，统筹协调道路红线内外绿地空间与竖向条件，合理配置 LID 设施，精心搭配植物，综合实现了交通、景观、环境、雨水径流及污染控制、区域排涝除险等多重功效。经分析测算和实践检验，项目已发挥出较佳的海绵效益。

（1）年径流总量控制率可达到 75% 的设计目标。

（2）道路自建成后，在中小降雨事件中无明显积水产生。在应对强降雨事件中（如

2017 年 6 月 30 日长沙特大暴雨）表现良好，道路路面未出现任何积水。引发长沙大小媒体各类报道，被誉为最好的海绵型道路。

3.2.4.3　竣工实景照片

工农东路南北两侧的人非混合道实施透水铺装，经 LID 设计后的人非混合道见图 3.2-14。

图 3.2-14　工农东路人非混合道透水铺装

工农东路北侧的雨水花坛承接北侧快车道及人非混合道的雨水，建成后的雨水花坛见图 3.2-15。

图 3.2-15　工农东路北侧雨水花坛

　　道路南侧生态草沟承接南侧车行道及人非混合道雨水，建成后的生态草沟见图 3.2-16。

图 3.2-16　工农东路南侧生态草沟

　　溢流雨水口布置在雨水花坛内，生态草沟中结合雨水检查井设置溢流雨水口，见图 3.2-17、图 3.2-18。

图 3.2-17　雨水花坛及生态滞留草沟内的溢流雨水井（口）

图 3.2-18　工农东路整体效果展示

3.3　镇江龙门港路海绵型道路改造工程

道路等级：城市支路

项目位置：江苏省镇江市润州区

项目规模：道路长度 1366m，红线宽度 24m

竣工时间：2017 年 1 月

3.3.1　项目概况

龙门港路是镇江南徐分区规划的一条东西向城市支路，位于镇江润扬大桥桥头地区。设计路段西起戴家门路（京江路），向东一直延伸至港前路，路段全长约 1366.2m，红线宽度 24m（含规划 7.0m 宽的景观绿化区），道路两侧规划用地以公园绿地为主，还有部分工业和居住用地（图 3.3-1）。道路红线北侧紧邻跃进河，规划河道宽度 30m；南侧的大桥公园在建，工业用地为未来规划。

本项目要求将河道与道路同步建设，打造环境优美、与大桥公园相协调的绿色生态景观道路。

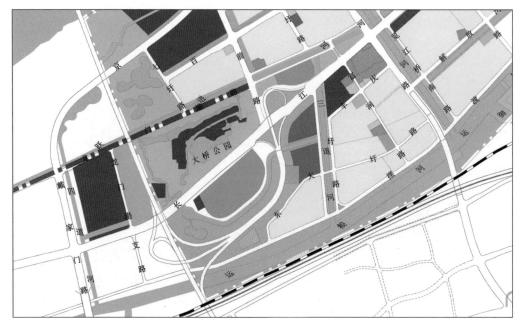

图 3.3-1 龙门港路规划用地图

3.3.1.1 气象与水文地质条件

镇江地处亚热带季风区，气候温和、四季分明、雨水丰沛。多年平均气温 15.7℃，1 月最冷，7 月最热。年平均湿度 76%，年最大降雨量 1601.1mm，最小降雨量 457.6mm，年平均降雨量 1063.1mm。雨季为 6 ~ 9 月，年平均降雨日 119.7 天。年最大面平均蒸发量 1164.3mm，最小 665.9mm。主要风向夏天为东、东南风，冬天为东北风。

项目地形基本平坦，最大高差约 1.5m，地貌单元属长江河漫滩，场地土自上而下分为四层，依次为杂填土、淤泥质粉质黏土、粉质粉土、强风化花岗闪长岩。

3.3.1.2 场地条件

（1）场地现状

龙门港路为改建道路，原道路宽度约 11.5m，为简易泥结碎石路面。路南侧全线有一道供电杆线，路北侧为跃进河，河道宽度约 10 ~ 16m，河道南岸有高大的水杉，长势良好。见图 3.3-2。

项目所在地区地势相对平整，场地现状标高约 3.0 ~ 4.4m。规划道路南侧大桥公园已基本建设完成。道路路段中有润扬大桥上跨，桥梁上跨净空很大，对项目建设不会产生影响。但原道路边的架空电杆在新建道路红线范围内。

（2）下垫面分析

龙门港路的下垫面类型包括透水沥青路面、透水混凝土铺装、绿地三类，其中道

图 3.3-2　改造前项目情况

路北半幅的透水沥青路面面积为 7960m^2，透水混凝土铺装的面积为 3723m^2，北侧绿化区（不含低影响开发设施）的面积为 5180m^2；道路南半幅的透水沥青路面面积为 8920m^2，透水混凝土铺装的面积为 2532m^2。参考《海绵城市建设技术指南（试行）》中各类型下垫面雨量径流系数取值，透水沥青路面的径流系数取 0.4，透水混凝土铺装的径流系数取 0.3，绿地的径流系数取 0.15，采用加权平均法分别计算道路两侧的综合雨量径流系数为 0.33，详细计算过程参见表 3.3-1。

龙门港路下垫面情况　　　　　　　　　　　　　　　　　表 3.3-1

编号	下垫面类别	面积 A（m^2）	百分比 η（%）	雨量径流系数 φ
1	透水沥青路面	16880	59.6	0.4
2	透水混凝土铺装	6255	22.1	0.3
3	绿地	5180	18.3	0.15
合计		$A=A_1+A_2$	$\eta=\eta_1+\eta_2$	$\varphi=(A_1\times\varphi_1+A_2\times\varphi_2)/(A_1+A_2)$
		28315	100	0.33

（3）土壤与地下水

道路地形基本平坦，最大高差约 1.5m，地貌单元属长江河漫滩。场地土层主要包含淤泥、淤泥质粉质黏土、淤泥质粉质黏土夹粉砂、粉质黏土、粉质黏土夹粗砂、强风化岩。地下水丰富，稳定水位埋深 0.68 ~ 1.33m。土壤渗透性较差，渗透能力最高的淤泥质粉质黏土的渗透系数只有 5.0×10^{-5}cm/s。

3.3.1.3 道路设计

龙门港路为城市支路，规划道路横断面为一块板。由于道路北侧全线沿河，南侧用地以公园绿化为主，工业用地为规划远期控制。因此本次红线规划时将道路绿化集中在北侧，与跃进河同步建设、共同打造。见图 3.3-3。

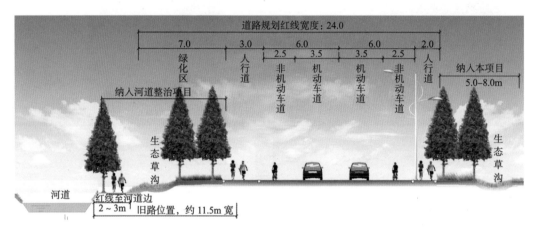

图 3.3-3　道路横断面图

为满足本项目生态绿色的建设要求，道路全线采用透水路面：车行道采用透水沥青，人行道采用透水混凝土铺装。人行道与行车道同一平面，之间不设置路缘石高差，路面雨水顺道路横坡坡向两边的绿化内。

3.3.2　设计目标及原则

3.3.2.1　设计目标

本项目所在区域是圩区，现状植被覆盖率很高，现状及规划生态条件均很好，道路与北侧跃进河同步建设，有利于绿色雨水技术的运用，可达到较高的建设目标。

本项目雨水源头控制系统按年径流总量控制率不低于 80%，对应的设计降雨量为28.3mm（图 3.3-4）；面源污染（TSS）削减率不低于 60%。内涝防治系统标准为遭遇30 年一遇降雨时，至少一条车道的积水深度不超过 15cm。

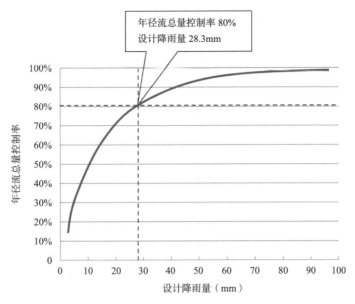

图 3.3-4 镇江市年径流总量控制率与设计降雨量曲线

3.3.2.2 设计原则

生态为本、保护优先、因地制宜、经济合理

（1）圩区河道主要靠闸泵控制，水体流动性差。城市开发后，人类活动带来大量面源污染下河，将造成水体环境容量超标、水质恶化。城市建设中应践行低影响开发的理念，维护自然生态环境。

（2）原跃进河南岸成排的成年水杉，长势良好。本项目以保护为立足点，规划河道向北拓宽，在现有水杉南面再增植两排水杉，将河道南岸与道路北侧绿化带共同打造成水杉特色景观带。

（3）利用道路南侧公园绿地的退让绿化以及北侧的景观绿化，设置自然排水系统。改变传统道路人行道的做法，将其降低，使路面雨水径流可以顺坡排向两侧的自然排水系统。

（4）本项目设计保留原河道南边小路的路基，改造路面、使其成为林中绿道；设置自然排水系统减少雨水管道。同时保留原水杉林及供电杆线，进一步降低工程投资。

3.3.3 工程设计

3.3.3.1 设计流程

本项目海绵城市设计按照《海绵城市建设技术指南（试行）》中的设计流程要求，具体流程见图 3.3-5。

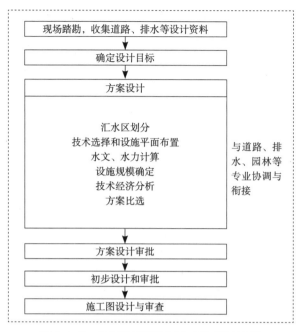

图 3.3-5　龙门港路海绵城市 LID 设计流程

前期工作结论：

本项目为城市支路，道路北边是城市重要水体——跃进河，道路南边主要用地为基本建成的大桥公园，近期无重荷载交通量；远期规划有工业用地，道路结构应考虑工厂运输荷载。

土壤渗透性差、地下水位较高，场地浅部地下水类型属潜水，地下水主要受大气降水补给，排泄形式主要为蒸发。跃进河非汛期常水位 1.8 ～ 2.1m，汛期常水位 1.6 ～ 1.9m，雨季暴雨前预降水位至 1.1 ～ 1.4m，最高洪水位控制在 2.1 ～ 2.4m。道路设计标高起伏不大，最高点设计标高 4.74m，最低点设计标高 4.20m。可设置自然排水系统，但海绵设施的结构深度不宜太深。

3.3.3.2　总体方案设计

分析该道路的功能需求及运行荷载，将行车道设置表面透水路面，以降低径流系数。行车道仅在面层透水，下渗雨水在封层上沿道路横坡汇集至边部路牙位置，并通过设置于路牙上的暗孔和 PVC 弯管导流至人行道碎石层内。见图 3.3-6。

人行道采用全透型混凝土路面，人行道雨水由透水混凝土层下渗至碎石层后，由横向排水管导流至路外生态草沟内。

两侧绿化中设置生态草沟，道路雨水及绿化中步道雨水径流均通过草沟排放，在低点处经溢流雨水口收集，或顺坡就近排入附近水体。

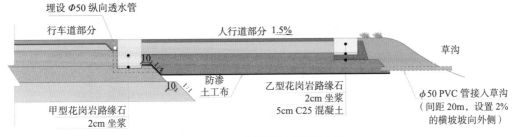

图 3.3-6　路面结构图端部大样

（1）汇水分区

根据道路竖向分析，龙门港路红线范围内有三个低点，位于桩号 K0+120、K0+500、K0+1280。竖向设计见下图，设计中根据"高—低—高"方式，将龙门港路作为三个子汇水区。见图 3.3-7。

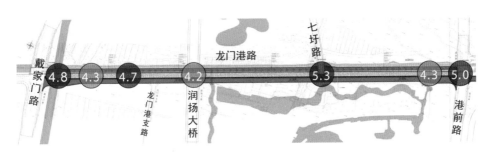

图 3.3-7　道路竖向分析

（2）系统设计

见图 3.3-8。

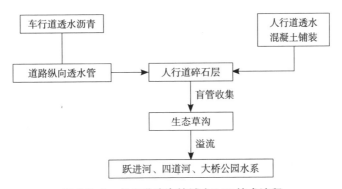

图 3.3-8　龙门港路海绵城市 LID 技术流程

通过竖向设置，道路雨水径流原地入渗，经盲管收集排入草沟；超过渗透能力的雨水顺地表坡度自流进入草沟。见图 3.3-9。

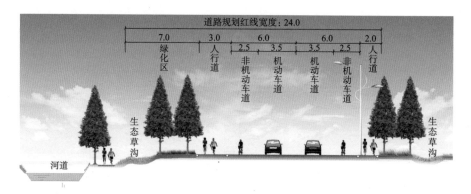

路面雨水排放形式图

行车道不锈钢透水盲管

图 3.3-9　龙门港路 LID 设计横断面布置

　　草沟设置为生态草沟，在传输径流的同时继续下渗，利用土壤及植物进一步降解道路雨水径流中的污染物，减少进入跃进河的面源污染。

　　防涝系统：龙门港路道路竖向共 3 个低点，位于桩号 K0+120、K0+500、K0+1280。路面涝水随道路纵坡在这 3 个低点处汇集，并沿横坡流入两侧绿地中的生态草沟，涝水在此滞、蓄、消能、沉淀后，北侧涝水最终顺坡流入跃进河水系。南侧涝水在桩号 K0+120 附近向西转输至四道河，在桩号 K0+500、K0+1280 处由草沟转输至大桥公园生态水系。见图 3.3-10。

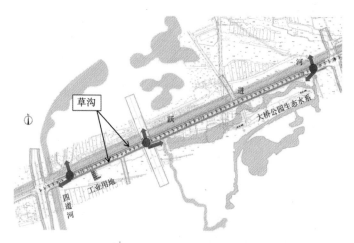

图 3.3-10　龙门港路涝水排放

3.3.3.3　典型设施节点设计

（1）透水沥青路面

见图 3.3-11。

自然区划	IV₁ 区	
地质概况	①–2 层素填土；②–2 层淤泥质粉质黏土；②–3 层粉质黏土	
干湿类型	中湿以上	
设计弯沉值（1/100mm）	28	
适用范围	行车道	人行道
结构图式	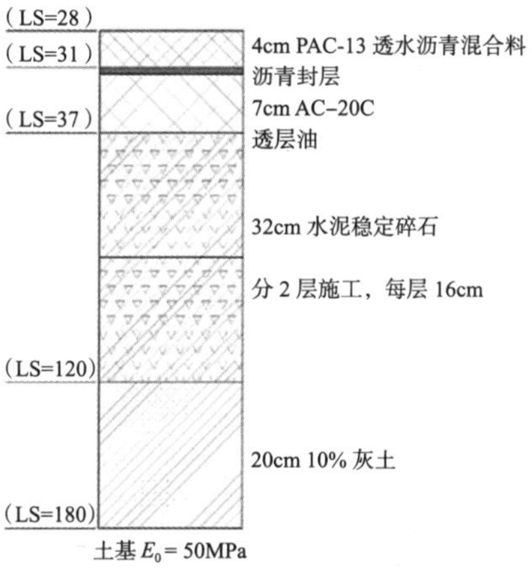	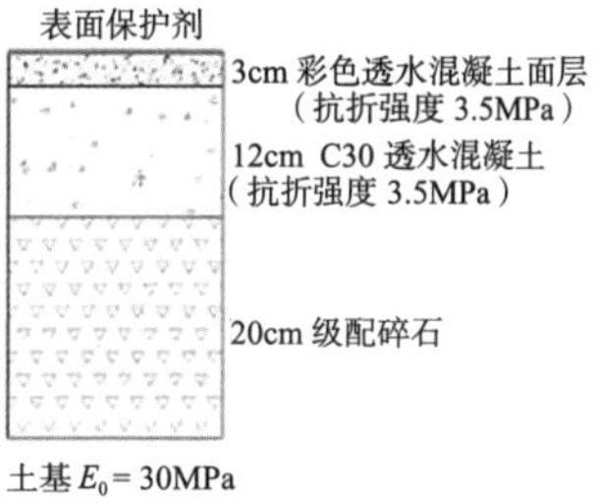
总厚度	64cm	35cm

图 3.3-11　透水沥青路面结构图

道路行车道结构采用透水沥青路面。包括 4cm 厚的透水沥青上面层、0.6cm 厚的封层、7cm 厚的下面层以及基层、底基层。

行车道边全线暗埋纵向透水盲管。为提高透水盲管的抗压性能，盲管设计采用不锈钢方管穿孔透水的形式。暴雨时行车道及人行道来不及下渗的雨水径流通过平路牙由地表排向道路外侧，经绿化缓冲区后进入生态草沟内，最终溢流入河，见图 3.3-12。

（2）透水混凝土铺装

道路人行道结构采用透水混凝土铺装。人行道路面结构：①透水罩面；② 5cm 青灰色透水混凝土面层；③ 10cm 透水混凝土基层；④ 20cm 级配碎石透水底基层。

图 3.3-12　路面雨水径流地表排放

（3）生态草沟

生态草沟主要布置在道路南、北两侧绿地内，其结构分为换植土层、碎石层两部分。

生态草沟的换填土层采用换植土，要求其渗透率不小于 10mm/h；碎石层粒径采用 30 ~ 50mm，其中设置管径 FH100 的软式透水盲管，遇树木或现状构筑物处可适当弯曲。换填土层与碎石层间采用透水无纺土工布分隔，防止换植土落入碎石层。

为保证人行道碎石层的水排入，草沟底低于人行道边缘 30cm，低于道路中心线标高约 45cm。换植土层仅为 25cm，满足草本植物的种植需求。见图 3.3-13。

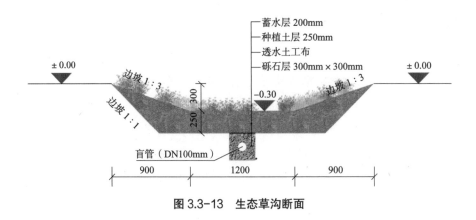

图 3.3-13　生态草沟断面

在草沟内间隔一定距离设置汀步，既方便绿道与城市道路的连接，又不影响草沟过水。见图 3.3-14。

图 3.3-14　生态草沟

（4）溢流雨水井

道路北侧草沟没有溢流井，盲管收集的雨水最终顺坡自排入跃进河。

位于道路南侧生态草沟内的溢流雨水井井盖采用圆形镂空雨水井盖，溢流井周围应散铺卵石，起到沉淀杂质、缓冲径流的作用。见图 3.3-15。

图 3.3-15　生态草沟内的溢流雨水井

3.3.3.4　达标分析

龙门港路共有 3 个子汇水区，每个分区均采用透水沥青路面、透水混凝土铺装、生态草沟组合。生态草沟换填土层、碎石层不计算控制容积，仅蓄水层计入控制容积，子汇水区 1 控制容积可达 57.36m³，年径流总量控制率约 80%，详见表 3.3-2。同理计算得子汇水区 2 控制容积 121.2m³，年径流总量控制率 80%；子汇水区 3 控制容积 87.84m³，年径流总量控制率 80%。

龙门港路子汇水区 1 的 LID 设施控制容积计算　　　表 3.3-2

编号	设施类型	长度 L（m）	设计参数	设施控制容积 V_x 算法	数值（m³）
1	生态草沟	478	蓄水深度 0.2m，换植土层厚 0.25m，碎石层厚 0.3m	$V_x = L \times$ 蓄水深度 $\times 1 \times$ 0.6（折减系数）	57.36
2	透水沥青路面		仅参与综合雨量径流系数计算，结构内空隙容积不计入调蓄容积	—	0
3	透水混凝土铺装		仅参与综合雨量径流系数计算，结构内空隙容积不计入调蓄容积	—	0
合计					57.36

将三个子汇水分区的年径流总量控制率加权平均计算，得到龙门港路年径流总量控制率 80%，满足规划控制目标的要求。

面源污染（TSS）削减率可以达到：

$0.80 \times [0.76 \times (7/24 + 0.05 \times 17/24) + 0.95 \times 17/24)] = 73.7\%$，满足 60% 的设计目标要求。

3.3.4　建成效果

3.3.4.1　效益分析

（1）生态效益

本项目道路建成后，对道路雨水径流的总量控制率达到 90%，做到了开发后的径流量不超过原有径流量，使该项目建设后的水文特征接近开发前，保护了该区域的生态系统。见图 3.3-16、图 3.3-17。

（2）经济效益

本项目利用了原河道坡岸及水杉，保留了供电线路，对原有道路基础部分保留并加以利用，在为大桥公园的建成开放提供交通便利的同时，大大减少了工程投资。

（3）环境效益

道路北侧为跃进河河道，原河道底部淤泥沉积，水质较差。道路建设的同时将河道向北侧拓宽至规划宽度，并对河道底泥进行清淤。通过海绵城市建设，道路面源污染削减率达到 80% 以上，有效保护了跃进河的河道水质。见图 3.3-18。

图 3.3-16　绿化带中的步道

图 3.3-17　新植水杉形成林带景观

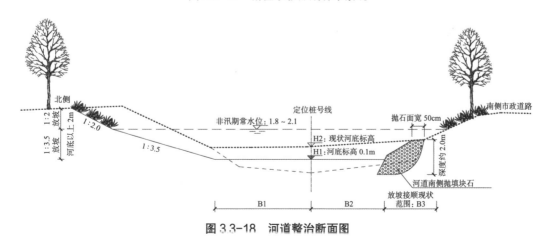

图 3.3-18　河道整治断面图

拓宽新建河岸采用自然放坡形式，并设置坡岸绿化；道路原南侧坡岸旧有水杉全部保留，和河岸南侧景观带中新建的水杉一起塑造成水杉林带景观效果。见图3.3-19，图3.3-20。

图 3.3-19 项目实施前河道

图 3.3-20 项目实施后河道

3.3.4.2 竣工实景照片

本项目充分利用原有水杉林并增植新的水杉，构建道路景观，削弱了保留供电杆线对景观视线的不利影响。在道路两侧绿带中设置生态草沟，既控制、净化了道路雨水径流，又与水杉一起构成了林下草地的特色景观。见图3.3-21。

图 3.3-21　项目实施后实景照片

3.4 西咸新区沣西新城秦皇大道海绵建设工程

道路等级：城市主干道
项目位置：陕西省西咸新区沣西新城
项目规模：道路长度：2430m，红线宽度：80m
竣工时间：2016 年 6 月

3.4.1 项目概况

陕西省西咸新区沣西新城位于西安与咸阳两市之间，总规划面积 143km²，未来将打造成西安国际化大都市综合服务副中心和战略性新兴产业基地。见图 3.4-1。

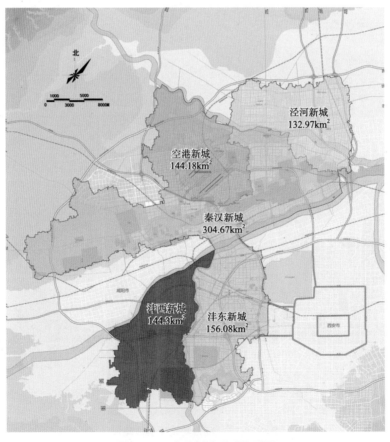

图 3.4-1 沣西新城区域位置图

秦皇大道位于沣西新城核心区，北起统一路，南至横八路，全长约 2430m，是一条南北向的城市主干道和重要的城市轴线。2012 年该道路正式通车运行，2015 年沣西新城被确定为国家第一批海绵试点，下半年即启动了道路海绵化改造工程。目前该道路已经成为国家海绵型道路样板工程，也是西咸海绵城市建设的一张名片。见图 3.4-2。

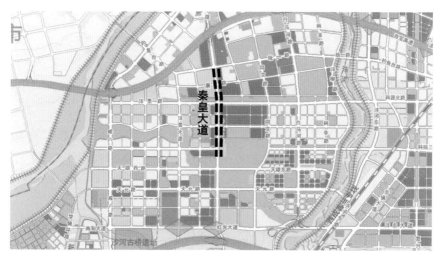

图 3.4-2　秦皇大道区位示意图

3.4.1.1　气象与水文地质条件

沣西新城属温带大陆性季风型半干旱、半湿润气候区。夏季炎热多雨，冬季寒冷干燥。多年平均降水量约 520mm，其中 7 ~ 9 月降雨量占全年降雨量的 50% 左右，且夏季降水多以暴雨形式出现，易造成洪、涝和水土流失等自然灾害，新城平均年份下年蒸发量约 1065mm，蒸发量大于降水量。见图 3.4-3。

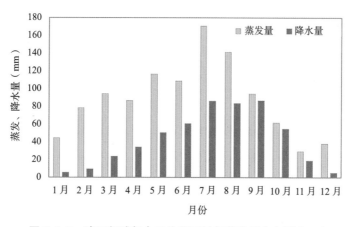

图 3.4-3　沣西新城年内月均降雨量与蒸发量分布图（一）

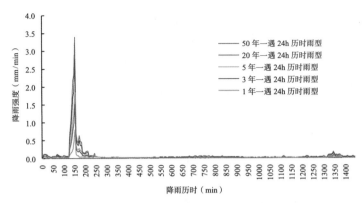

图 3.4-3　沣西新城年内月均降雨量与蒸发量分布图（二）

沣西新城地下水以大气降水及地下径流补给为主，直接补给来源为渭河及沣河。地下水自南向北径流，潜水位埋深 12.90 ~ 16.10m，目前处于缓慢下降趋势，水位年变幅 0.5 ~ 1.5m。

3.4.1.2　场地条件

（1）道路横断面

秦皇大道道路红线宽 80m，断面板块为四幅路，其中中分带宽 12m，机动车道宽 16m，侧分带宽 5m，辅道（机非混行）宽 8m，人行道宽 5m（包括 1.5m 宽绿篱带）。红线外两侧各有 35m 宽绿化退让。见图 3.4-4。

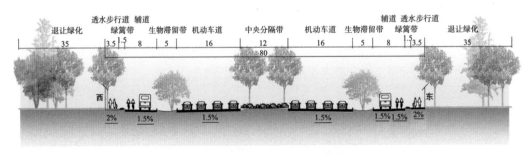

图 3.4-4　秦皇大道道路标准横断面图

（2）下垫面解析

改造前秦皇大道下垫面类型包括沥青路面、硬质铺装和绿地三类，道路绿化率约为 19.3%，改造前综合雨量径流系数为 0.745。见表 3.4-1。

（3）场地竖向

秦皇大道整体地势平坦，场地内标高最低点为 387.43m，最高点为 388.96m，最大纵坡 0.75%，最小纵坡 0.35%，最小坡长 190m。道路存在相对低点，路面雨水径

下垫面条件分析表　　　　　　　　　　　　　　　　　　表 3.4-1

下垫面类型	面积（hm²）	比例	雨量径流系数
沥青路面	13.44	70.0%	0.9
硬质铺装	2.06	10.7%	0.8
绿地	3.70	19.3%	0.15
合计	19.20	100%	0.745

流顺道路坡度向低点汇聚，强降雨时道路低点存在积涝风险，需要采取有效措施排除涝水。

（4）排水体制

秦皇大道采用雨污分流制排水系统，雨水管网系统已经建成，主要收集路面径流和道路两侧地块的雨水，管道设计标准为 2 年一遇，设计埋深 2～4m，设计管径 d500～d1000，设计服务面积 63hm²。秦皇大道雨水管网主要分为两个排水分区，其中秦皇大道（统一路～横四路）段接入渭河 2 号排水分区，经规划沣景路泵站提升排入渭河，秦皇大道（横四路～横八路）段雨水经管网接入沣西新城核心区雨洪调蓄枢纽——绿廊排水分区。见图 3.4-5。

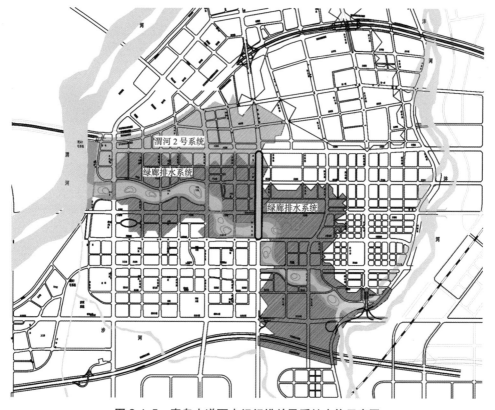

图 3.4-5　秦皇大道雨水组织排放及受纳水体示意图

3.4.1.3 问题及需求分析

秦皇大道通车运行 3 年多的时间里，多次发生暴雨积涝，究其原因，主要是道路排水采用传统的快排方式，道路绿化带高于路面，路面雨水径流沿道路横坡直接进入雨水口接入雨水管道系统。虽然道路集水范围广、管径大，但管道系统的标准只有 2 年一遇，且雨水管道系统还不完善，末端的排涝泵站尚未建设，道路低点处的涝水没有采取措施。暴雨时短时间内大量雨水汇集至道路，导致积水频发，严重威胁了交通安全。见图 3.4-6、图 3.4-7。

图 3.4-6 改造前路面雨水快排图

图 3.4-7 改造前路面积水情况

此外，没有经过净化的雨水径流携带大量面源污染物，小雨量时在管道中沉积、大雨时被冲刷排入水体，造成受纳水体污染严重。

因此，在项目海绵化改造中重点需要解决的是：

①选择适宜的海绵技术，对雨水径流进行源头控制

道路雨水管道系统已经形成且无法更改，需利用道路 5m 宽侧分带和 35m 宽退让绿化，设置海绵设施及其组合，对进入雨水管道系统前的径流进行控制和处理，达到降低径流量及峰值、减少径流污染、透水保水以利植物生长等多重目标，间接提高整个道路雨水排水系统的标准。

②降低区域排水末端泵站的能耗，尽可能对雨水进行资源化利用

秦皇大道北段所在的渭河 2 号排水分区汇水面积 3.07km²，现状管网末端低于渭河主河道水面，雨水主要依靠末端泵站提升。规划的年径流排放体积约 89.4 万 m³，年排水能耗高达 6.26 万 kW·h。对于沣西新城这个半干旱区域来说，雨水是一种资源，应采取措施自然积存、自然利用，同时减少泵站排水总量，减少碳排放。

③解决土壤地质环境特殊性为海绵城市设施设计带来的挑战

一方面，秦皇大道所在区域原状土壤渗透速率为 9mm/h，渗透性能较差，而海绵设施主要依靠土壤渗透性能发挥其核心的渗滞蓄功能。另一方面，该区域地质属非自重湿陷

性黄土（Ⅰ级），存在浸水发生结构破坏、显著变形和承载能力骤然下降的风险。因此如何协调好雨水下渗和道路基础结构安全的关系是本次道路海绵改造必须攻克的难题。

3.4.2　设计目标及原则

3.4.2.1　设计目标

根据上位规划和相关要求，本项目设计目标为：

（1）年径流总量控制目标

年径流总量控制率为 85%，对应设计降雨量 19.2mm。详见图 3.4-8。

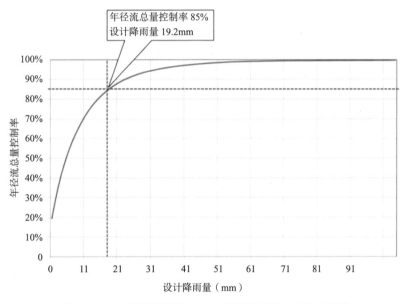

图 3.4-8　年径流总量控制率—设计降雨量对应关系曲线

（2）面源污染削减目标

面源污染（TSS）削减率不低于 60%。

（3）防涝

有效应对汇水区内 50 年一遇的暴雨，确保一条车道积水深度不超过 15cm。

3.4.2.2　设计原则

以问题和需求为导向，遵循因地制宜、安全为本、经济合理、融合创新等原则进行设计。

（1）因地制宜

本项目为既有道路改造，雨水管网系统、现有绿化乔木以及周边开发项目均不可更改，设计需保护和利用现场条件，因地制宜地选用适宜的海绵设施。

（2）安全为本

充分考虑湿陷性地质构造特点，在确保不对道路基础造成破坏性影响的前提下进行海绵城市改造；根据项目建设条件，选用适宜的雨水设施，并根据实际需求进行优化组合，搭配适宜本地气候特征的各类植物。

（3）经济合理

充分保护绿地内既有乔木、利用现有排水设施，优先选用价廉、低运营维护成本，且环保、节地的技术措施和材料，合理利用地形和管网条件，使雨水径流的源头削减、管道排放以及涝水防治成为有机的整体。

（4）融合创新

根据区域水文、项目条件、建设需求选择适宜海绵设施后，针对西咸新区特殊的地质条件，对设施的结构、功能以及布局形式进行创新与优化，提高道路安全性，降低建设和运营维护难度。

3.4.3 工程设计

3.4.3.1 设计流程

本方案按图 3.4-9 流程进行设计。

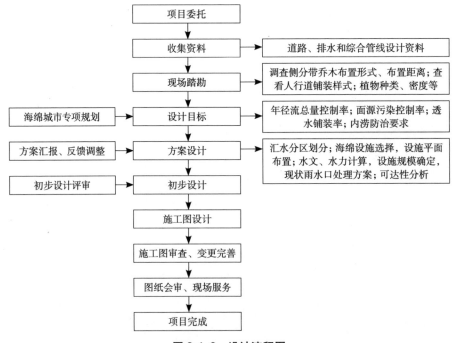

图 3.4-9 设计流程图

3.4.3.2　总体方案设计

（1）设施选择

①转输型草沟

转输型草沟主要布置在侧分带起端入流处和道路红线外退让绿化处，用于传输径流，与道路纵坡同坡，底部不换填，只做表面下凹；沟内种植当地常用的地被植物，草沟与车行道或辅道衔接处设置防渗土工布。见图 3.4-10。

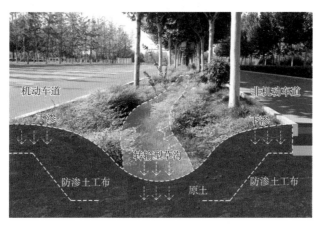

图 3.4-10　秦皇大道侧分带转输型草沟典型做法示意图

②生态草沟

生态草沟主要布置在机非分隔带转输型草沟的下游，通过土壤改良来增强雨水滞蓄、下渗能力，结构与雨水花园一致。草沟内低点处设溢流雨水口，通过雨水连管就近接入雨水检查井。在溢流雨水口下游约 1m 处设置挡流堰，以减缓流速，提高设施蓄渗功能。生态草沟设置避开现状乔木，形成优美的"S"形曲线。沟内植物以当地适应沙土条件的地被植物为主，植被高度保持在 100～150mm 左右，结合景观在沟底铺设河卵石。见图 3.4-11。

③雨水花园

侧分带中位于道路低点、坡度平缓处设置雨水花园，作用为净化、滞蓄雨水。雨水花园底部结构主要分为蓄水层、换植土层和碎石层三部分。雨水花园部分取消乔木种植，以花灌木和草本花卉增加景观效果。雨水花园内植物的选择既要有净化雨水的能力又要兼顾观赏性，并以合理地季相地搭配保证四季色彩。

④透水铺装

为保护现状电缆沟，人行道硬质铺装改造为浅层透水铺装，小雨时，透水结构可渗透、滞蓄雨水；大雨时，超渗雨水顺坡流入路边草沟，与附近的绿地共同发挥作用，达到错峰效果。

图 3.4-11　秦皇大道侧分带生态草沟典型做法示意图

⑤调蓄塘

主要设置在道路低点处红线外 35m 绿化带内，雨水调蓄塘规模按照 50 年一遇的标准、通过模型模拟计算确定。调蓄塘包括前置塘和蓄渗区两部分，涝水通过调蓄塘内设置的放空管进入雨水管道系统排走，溢流雨水通过在调蓄塘的边缘增设方形溢流雨水口排入市政雨水管道。见图 3.4-12、图 3.4-13。

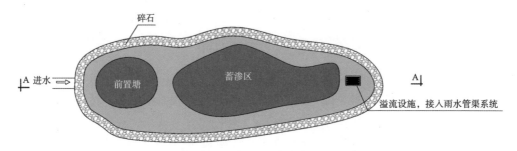

图 3.4-12　调蓄塘平面图

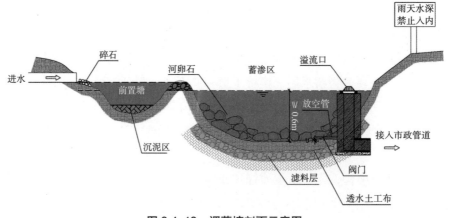

图 3.4-13　调蓄塘剖面示意图

（2）设施布局

根据秦皇大道原道路横、纵坡设置和断面板块形式，充分利用红线内外绿地设置海绵设施。中分带不作改造，仅绿化表面下凹 8～10cm，人行道设置透水铺装，以保证设计标准内的雨水径流原位滞、蓄、渗。侧分带设置"转输型草沟 + 生态草沟 + 雨水花园"的组合形式，利用道路横坡通过路牙开口收集车行道和人行道的路面雨水，在海绵设施内传输、下渗、滞蓄、净化。在道路低点的人行道下设置涝水行泄通道，利用退让绿化设置调蓄塘，蓄滞涝水、缓解道路内涝风险。详见图 3.4-14、图 3.4-15。

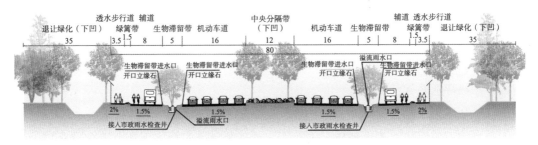

图 3.4-14　秦皇大道 LID 设施布置横断面图

图 3.4-15　秦皇大道径流组织示意图

（3）防涝设计

道路共有 5 个低点，分别位于桩号 K2+050、K2+600、K3+210、K3+585 和 K3+977 处。根据片区雨洪模拟计算，在下游雨水系统通畅的情况下，50 年一遇暴雨时，道路低点 K3+210、K3+585 和 K3+977 处内涝风险较大，共需设置调节容积约 14300m³。见表 3.4-2。

利用道路两侧红线外 35m 绿化退让，在道路低点处设置分散式调蓄塘，当 50 年一遇暴雨发生时，车行道和中分带径流雨水通过路牙开口，进入侧分带 LID 设施滞蓄，溢流雨水进入管道系统。不能及时排除的涝水，经涝水行泄通道（人行道暗涵）进入道路两侧退让绿化中设置的调蓄塘滞蓄，最终经排空管和溢流雨水口进入管道系统。

调蓄塘设计调节容积		表 3.4-2
桩号	调蓄塘规模（m³）	合计（m³）
K3+210	东西两侧各 1600	14300
K3+585	东西两侧各 1750	
K3+977	东西两侧各 3800	

3.4.3.3 特殊设施节点设计

为解决西咸新区特殊的地质条件以及现有乔木及设施保护的问题，我们为本项目进行了一些特别的节点设计。

（1）"L"形支挡

秦皇大道属湿陷性黄土地质，雨水下渗会威胁路基安全，因此改造在进水口处设计了一种"L"形钢筋混凝土防水挡墙结构，用于路基侧向支挡及雨水侧渗防治。这种挡墙结构，不仅可适应当地垂直下挖施工侧分带的习惯，可直接减小对路基、路面影响，而且挡墙紧贴开口路牙，可发挥靠背支撑作用。

挡墙采用C30钢筋混凝土结构，8m一节，设伸缩缝，高度根据生物滞留设施尺寸调整，一般要求垫层底低于道路路基底50cm。与传统砖砌支护、防水土工布敷设（易破损）相比，混凝土挡墙隔水效果更好，对路基支撑也更强。见图3.4-16。

图 3.4-16 生物滞留设施 L 形防水挡土墙示意图

（2）透水铺装

秦皇大道两侧人行道下供电通信电缆管沟埋深较浅，仅有 0.3m，不适合建设传统型透水铺装。因此，在保障路基强度和稳定性的前提下，将人行道硬质铺装改造为兼有孔隙和缝隙透水的浅层透水砖铺装，同时利用红线外绿化退让设置转输型草沟，透水基层内每隔 30m 设置 PVC 排水管，与草沟衔接。见图 3.4-17。

图 3.4-17　透水铺装与红线外绿地结合设计示意图

（3）人行道暗涵

在桩号 K3+210、K3+585 和 K3+977 三个内涝风险点，为将涝水引致红线外绿化带中的调蓄塘，在人行道下设置排水暗涵，暗涵由 4 个尺寸为宽 0.8m，高 0.15m 的长方形矩形涵组成，以 0.5% 的坡度坡向道路红线外侧，暗涵排出口至草沟底应夯实土基，并结合绿化景观堆砌大粒径卵石扩散消能。见图 3.4-18、图 3.4-19。

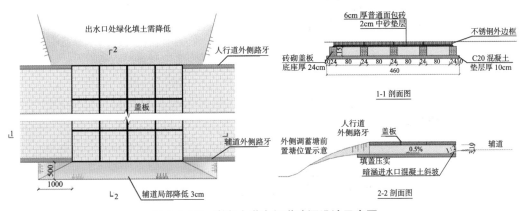

图 3.4-18　秦皇大道人行道暗涵设计示意图

图 3.4-19　秦皇大道人行道暗涵现场效果图

（4）挡流堰

为提高海绵设施对雨水的蓄滞能力，本项目设计在转输型草沟和生态草沟内溢流雨水口下游设置了挡流堰，堰高约 25cm，采用堆土的形式。为保证堰前积水在 24h 内排空，在转输型草沟内的挡流堰两侧需换填宽 2m、长 0.5m、深 0.25m 的碎石层，土堆与碎石层之间用防渗土工布隔开。生态草沟内的挡流堰两侧不需换填碎石层。见图 3.4-20、图 3.4-21。

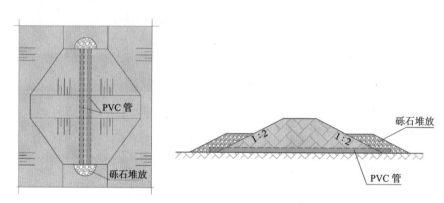

图 3.4-20　秦皇大道挡流堰设计示意图

图 3.4-21　秦皇大道挡流堰现场效果图

（5）进水口和原雨水口改造

为将道路雨水径流引流进入侧分带海绵设施，设计将侧分带路缘石开口；为防止径流雨水中泥沙等污染物对海绵设施产生不利影响，路缘石后设置拦污筐，筐后设置砾石消能，减小雨水对土壤的冲刷。原道路雨水口填充砂石，使之成为雨水预处理设施，小雨时雨水径流通过下渗、过滤后，由底部原雨水连接管排入管道，大雨时溢流径流进入侧分带处理。见图 3.4-22。

侧分带雨水进水口

改造后雨水算子与路缘石豁口

图 3.4-22　秦皇大道进水口及雨水口改造

3.4.3.4　达标分析

（1）分区设计调蓄容积计算

根据道路现状竖向分析，秦皇大道红线范围内共有 6 个相对高点、5 个相对低点，根据路面雨水径流汇聚的规律，按照"高—低—高"的形式，同时结合现状排水管网，将秦皇大道划分为 5 个子汇水区，现以 1 号子汇水区为例，计算需调蓄容积、布局海绵设施，并对设施的控制容积达标性进行核算，分析各子汇水区达标情况。最后合计道路总设计调蓄容积和 LID 设施控制容积，校核道路总体达标情况。见图 3.4-23。

图 3.4-23　秦皇大道汇水分区划分图

以 1 号子汇水区为例，1 号子汇水区在道路竖向高点处利用侧分带设置转输型草沟，在道路竖向低点处的侧分带设置生态草沟和雨水花园。针对积水内涝风险，利用道路两侧 35m 退让绿地设置雨水调蓄塘，对暴雨径流进行调蓄调节控制。见图 3.4-24。

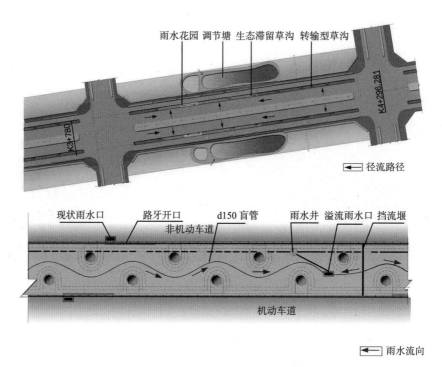

图 3.4-24 秦皇大道 1 号子汇水区 LID 设施平面布置（局部）及径流组织

根据 1 号子汇水区的下垫面情况，雨量径流系数取值参考《海绵城市建设技术指南（试行）》，采用容积法计算得所需控制容积 526.18m³，考虑到现有乔木避让及其他施工因素导致设施有效容积衰减，取安全余量系数 1.1，最终得到秦皇大道 1 号子汇水区设计调蓄容积为 578.8m³。见表 3.4-3。

秦皇大道 1 号子汇水区控制容积计算　　　　　　　　　　　　　　　　表 3.4-3

编号	下垫面类别	面积 A（m²）	雨量径流系数 φ	设计调蓄容积 V_x（m³）
1	路面（沥青）	2.72	0.9	470.02
2	硬质铺装（SB 砖）	0.18	0.8	27.65
3	透水铺装	0.24	0.4	18.43
4	绿地（中分带不产流）	0.35	0.15	10.08
合计		$A=A_1+A_2+A_3+A_4$	$\varphi=(A_1\times\varphi_1+A_2\times\varphi_2+A_3\times\varphi_3+A_4\times\varphi_4)/A$	$V_x=V_{x1}+V_{x2}+V_{x3}+V_{x4}$
		3.49	0.785	526.18

采用容积法计算 1 号子汇水区内各种海绵设施的控制容积，得 1 号子汇水区总控制容积为 594.5m³，大于所需调蓄容积 578.8m³，满足设计目标。见表 3.4-4。

秦皇大道 1 号子汇水区总控制容积计算　　　　　　表 3.4-4

编号	设施类型	面积（hm²）	设计参数	LID 设施控制容积	
				算法	数值（m³）
1	雨水花园 + 生态草沟	0.11	蓄水深度 0.2m，换填土层厚 0.5m，碎石层厚 0.4m	$V=A×$（蓄水深度 ×1 + 换植土层厚度 ×0.3 + 碎石层厚度 ×0.4）× 容积折减系数	384.846
2	转输型草沟（一）	0.11	蓄水深度 0.2m		152.46
3	转输型草沟（二）	0.13	蓄水深度 0.1m		57.2
4	透水铺装	0.24	仅参与综合雨量径流系数计算，结构内空隙容积不计入调蓄容积		0
总控制容积（m³）					594.5

（2）道路年径流总量控制率计算

采用上述方法对每个子汇水区进行计算，该道路 LID 设施总控制容积为 2887.5m³，大于总设计调蓄容积 2858.6m³，满足设计目标。见表 3.4-5。

秦皇大道各子汇水区达标计算　　　　　　表 3.4-5

汇水分区	面积 A（hm²）	设计调蓄容积（m³）	LID 设施控制容积（m³）
1 号子汇水区	3.9	578.8	594.5
2 号子汇水区	3.1	460.7	464.8
3 号子汇水区	3.2	477.8	482.2
4 号子汇水区	5.5	817.9	820.5
5 号子汇水区	3.5	523.4	525.5
合计	19.2	2858.6	2887.5

（3）结果模拟评估

采用 SWMM 模型，对沣西新城不同重现期下 24h 雨型进行模拟，分析在不同降雨量条件下，设施运行与达标情况。

采用秦皇大道各年径流总量控制率所对应的 24h 降雨（典型雨型）进行模拟分析计算，校核达标情况。根据模型模拟结果，当 24h 降雨量不超过 19.2mm 时，传统开发模式下汇水区径流峰值流量 $q_1=0.32$m³/s，按本方案实施后项目外排径流量为 0，径

流峰值流量 q_2=0.0m³/s，削峰径流量 Δq=0.32m³/s。见图 3.4-25。

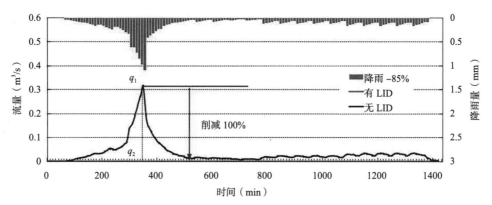

图 3.4-25 设计降雨条件下不同开发模式径流控制对比分析

50 年一遇 24h 降雨条件下，传统开发模式径流峰值流量 q_1=2.63m³/s，LID 开发模式下径流峰值流量 q_2=2.23m³/s，削峰流量 Δq=0.4m³/s，下降 15.2%；有 LID 设施径流峰值出现时间相比传统模式径流峰值出现时间滞后约 5min。见图 3.4-26。

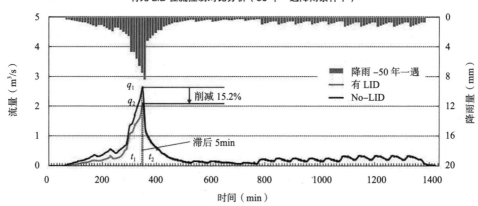

图 3.4-26 50 年一遇 24h 降雨条件下不同开发模式径流控制对比分析

（4）面源污染削减率

根据《海绵城市建设技术指南（试行）》：面源污染（TSS）削减率 = 年径流总量控制率 × 低影响开发设施对 TSS 平均削减率。

本项目主要采用雨水花园、生态草沟等削减 TSS，根据表 3.4-6 数据，本项目 LID 设施对 TSS 的平均削减率参照复杂型生物滞留设施的取值 85%，面源污染（TSS）削减率 =67.2% > 60%，满足指标考核要求。

低影响开发设施相关信息表　　　　　　　　　　　　　　　表 3.4-6

单项设施	功能					控制目标			处置方式		经济性		污染物去除率（以SS计）	景观效果
	集蓄利用雨水	补充地下水	削减峰值流量	净化雨水	转输	径流总量	径流峰值	径流污染	分散	相对集中	建造费用	维护费用		
透水砖铺装	○	●	◎	◎	◎	●	◎	◎	√	—	低	低	80%~90%	—
透水水泥混凝土	○	○	◎	◎	◎	◎	◎	◎	√	—	高	中	80%~90%	—
透水沥青混凝土	○	○	◎	◎	◎	◎	◎	◎	√	—	高	中	80%~90%	—
绿色屋顶	○	○	◎	◎	◎	●	◎	◎	√	—	高	中	70%~80%	好
下沉式绿地	○	●	◎	◎	◎	●	◎	◎	√	—	低	低	—	一般
简易型生物滞留设施	○	●	◎	◎	◎	●	◎	◎	√	—	低	低	—	好
复杂型生物滞留设施	○	●	◎	●	◎	●	◎	●	√	—	中	低	70%~95%	好
渗透塘	○	●	◎	◎	◎	●	◎	◎	—	√	中	中	70%~80%	一般

注：摘自《海绵城市建设技术指南（试行）》住房和城乡建设部 2014 年。

3.4.4　建成效果

3.4.4.1　工程投资

本项目总投资 1248.84 万元，海绵改造投资单价约 518.38 万元 /km，取得了良好的改造效果。见图 3.4-27。

图 3.4-27　秦皇大道海绵城市改造后实景图

3.4.4.2　效益分析

秦皇大道海绵城市改造项目，统筹协调道路红线内外绿地空间与竖向条件，合理布局海绵设施，严格落实控制指标，综合实现了交通、景观、环境、雨水径流及污染控制、区域排涝除险等多重功效。通过初步观（监）测、分析测算，项目已发挥出较佳的海绵效益。

（1）排除内涝隐患

通过海绵改造，秦皇大道原有的积水点积水深度和时长大幅减小或缩减，积水内涝问题得到有效缓解甚至消除。在2016年发生的短时强降雨事件中（如7月24日，2h，30mm），不仅未出现连片性积水，而且原有3处积水区域中2处消除，1处积水面积、积水深度、积水时间较改造前明显缩小。见图3.4-28。

图3.4-28　改造前后路面积水情况对比图

（2）提升景观效果

工程改造时，对侧分带内乔木予以保留，地被植物优先选用耐淹、耐旱，具有较强净污效果的本土植物，适当搭配外来物种，改造后，秦皇大道侧分带植物配置得到丰富，景观效果得到极大提升。3年来，发现在附近设置了滞蓄型海绵设施的乔木，长势明显好于其他区域，充分显示了海绵设施滞蓄雨水对半干旱地区植物生长的有利影响。见图3.4-29、图3.4-30。

（3）创新示范推广

通过科学研究与创新设计，较好解决了该地区湿陷性黄土地质、原土渗透性能差等制约低影响开发雨水系统设计的不利因素。实践证明，海绵生物滞留设施不仅对雨水径流有控制和净化作用，还有利于植物的吸收生长，可提高半干旱地区雨水的自然利用能力。

本项目中所做的一些特殊节点设计，其效果基本得到建设方认可，在后续的西咸新区道路海绵化改造中得到进一步的推广和应用。相信通过后续长期实践检验和分析研究，一定能为该地区海绵城市建设提供有效的经验和示范。

图 3.4-29　改造前后侧分带景观效果对比图

图 3.4-30　项目改造后整体效果展示

第 4 章

海 绵 型 绿 地 广 场

　　海绵城市是一种新型的城市建设模式，只有在城市开发建设的所有项目中都落实海绵城市建设的理念，才能让雨水自然积存、自然渗透、自然进化，从而有效维持自然水文循环。本章的 4 个案例分别介绍了在大型娱乐设施项目、水系治理项目和景观绿化设计项目中如何落实海绵城市建设。

　　镇江市魔幻海洋世界是一个大型娱乐项目，用地范围内有部分原垃圾填埋场，且项目靠近城市应急备用水源地。在排水设计中，尽量利用微地形通过地表排放雨水径流，避免雨水管道穿越原垃圾填埋场地；采用生物滞留设施源头削减面源污染时，在下渗设施底部进行有效防水，避免雨水下渗污染地下水。在总体方案阶段就根据项目布局制定各区域径流总量控制目标，严格管控后期建设行为。

　　为避免在圩区开发建设中，随意填埋坑塘、侵占水面、割裂水系，造成新的水安全和水环境问题，保护水生态。镇江市城市规划设计研究院编制了《镇江西圩区水系治理系统方案》，为规划部门提供决策参考，为开发单位制定建设标准，也为管理部门提供管控依据。目前方案中的部分措施已在西圩区水环境治理中得到落实。

　　镇江市高校园区的园区西路泄流通道是一块城市防护绿地，景观设计中充分考虑项目的场地条件，通过对泄流通道在不同频率降雨时的工况分析，巧妙地将泄流通道变成景观的一部分，为景观塑造提供生态基流和不同的视觉感受。虽然由于建设周期的原因还没有开始施工图设计，但该方案已经得到建设方领导的高度肯定，周边场地及上下游水道的设计已与方案协调统一。

　　太龙公路两侧绿化是公路防护绿地，景观设计中融入海绵城市建设理念，利用公路填方与原海滨滩地之间的高差，塑造微地形引导径流，对公路雨水促渗排盐、滞蓄净化和缓释防涝，不仅改良了土壤、有利植物生长，也为维持景观水体水质、营造优良生态环境奠定了基础。

4.1 镇江魔幻海洋世界海绵总体设计方案

项目类型：大型公建
项目位置：镇江市三山名胜风景区
项目规模：总用地面积为 77.23hm²
实施时间：2017 ~ 2020 年

4.1.1 项目概况

镇江市是国家第一批海绵城市试点城市，要求新建区域全部按照海绵城市要求建设。魔幻海洋世界是一个大型娱乐项目，启动于 2015 年。项目位于三山名胜风景区内，三面临金山湖，西面与金山湖片区相连。见图 4.1-1。

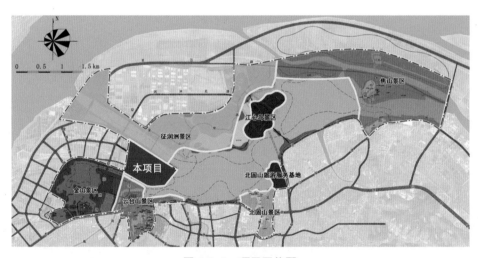

图 4.1-1 项目区位图

项目总占地面积 77.23hm²，建筑主要包括两个大型场馆——极地馆和海洋馆，以及水上游客中心、游客服务中心、飞机区、花海传音、生态拓展区、迷离庄园、醋食文化中心、水陆车区、水街区等娱乐项目区域。

4.1.1.1 场地现状

拟建场地原地貌单元为长江河漫滩，未开发建设之前区域内水系丰富，主要为鱼塘、少量建筑、江南桥垃圾填埋场及江南化工厂。其中江南桥垃圾填埋场以建筑垃圾和生活垃圾填埋为主，于 20 世纪末封场。2007 年江南化工厂搬迁后，场地开始建设，主要进行了场地平整和部分临时道路建设。现原始地貌已不存在，主要为人工地貌，现状地面标高在 5.3 ～ 14.4m 之间。场地内存在部分路网，尚未通车，将废除。见图 4.1-2、图 4.1-3。

图 4.1-2　现状地形图

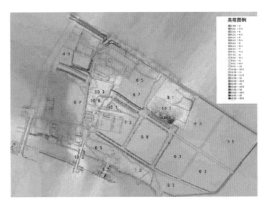

图 4.1-3　现状竖向分析图

场地内地下水类型主要为潜水，第⑤层粉砂夹粉质黏土具有微承压性。地下水补给来源主要为场地内鱼塘中的水、场地北侧长江水和大气降水，以蒸发和侧向径流排泄为主。勘探期间测得稳定地下水位埋深在天然地面以下 0.70 ～ 3.90m，稳定地下水位高程在 2.89 ～ 5.55m，初见水位与稳定水位基本相平。年水位变化幅度一般在 0.5 ～ 0.8m 左右。

4.1.1.2　规划用地

魔幻海洋世界项目是国内少有的开放式主题公园，让城市与旅游融为一体。项目内主要交通形式以环形交通为主，其中湖滨三路、航道路和环湖路东延为园区主要车行道。西北角和西南角为两个主要停车场，景区内部陆上交通方式以电瓶车为主，充分满足游客需求。项目西侧主要为游客服务中心及滨水商业街，建筑密度较大，为人流集散的主要空间，硬质铺装面积比例较大。极地旱雪馆和魔幻海洋秀场分别位于润湖路东西两侧，为两个大型建筑，分区内屋面占比较高，为整个项目内主要活动场馆。项目东侧围绕中心水系周边为飞机区、花海传音区、生态拓展区、迷离庄园区等，主要以户外活动为主，小型建筑零散分布，绿化率相对较高。

项目总平面见图 4.1-4。

下垫面主要包括建筑屋面、市政道路、园区道路、广场铺装、停车场、绿化及水面等。见图 4.1-5。

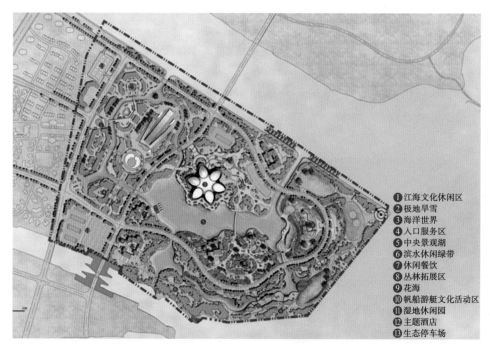

图 4.1-4　项目总平面图

① 江海文化休闲区
② 极地旱雪
③ 海洋世界
④ 入口服务区
⑤ 中央景观湖
⑥ 滨水休闲绿带
⑦ 休闲餐饮
⑧ 丛林拓展区
⑨ 花海
⑩ 帆船游艇文化活动区
⑪ 湿地休闲园
⑫ 主题酒店
⑬ 生态停车场

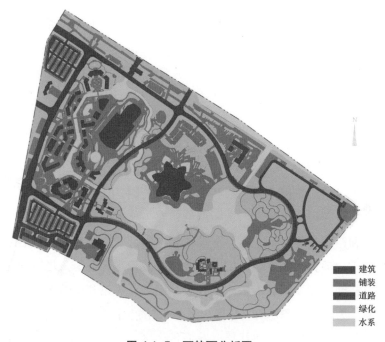

建筑
铺装
道路
绿化
水系

图 4.1-5　下垫面分析图

　　根据规划景观平面方案，各类用地面积统计如下：

　　建筑基底面积总计 51954m²，绿化面积总计约 309596m²，绿化率约为 40%，水面面积约为 105120m²，水面率约为 13.6%。详见表 4.1-1。

下垫面分析表　　　　　　　　　　　　　　　　　　表 4.1-1

综合技术指标表			
项目	单位	数量	所占比例
区域总面积	m²	772268	100%
建筑基底面积	m²	51954	6.7%
绿化面积	m²	309596	40.0%
铺装面积	m²	212362	27.5%
道路面积	m²	93236	12.1%
水面面积	m²	105120	13.6%

区域内规划竖向标高为 4.5 ~ 10.4m，起伏较大，便于营造景观。见图 4.1-6。

图 4.1-6　场地竖向图

4.1.1.3　排水条件及管网

项目外部水系为金山湖，现状水质为Ⅲ类水。根据《镇江市城市防洪规划（2012 ~ 2030）》，金山湖在引航道闸、焦南闸及环湖外堤建成后，已封闭成为可调可控的城市水库。现状水面面积为 6.72km²，常水位 4m，相应库容 2511.8 万 m³。防洪控制水位 5.69m，防洪调蓄库容 1119.5 万 m³。

项目用地内排水采用分流制,雨水管渠系统设计重现期为 $P=3$,排入景区内部水系。内部水系为受控水体,设置一座闸站、两座闸及一道涵与外围水系相通,设计水位为 3.6～4.1m。平时闸、涵常开,超过设计水位时闸门关闭,可通过 1 号闸站向外抽排,确保项目内涝安全。项目外围为防洪堤,堤顶最低防洪标高 8.14m。

项目场地内尽量减少雨水排水管道,主要在道路低点设置管道排至内部水系,环湖路原道路下雨水管道保留。场地内部高差较大,污水排放点分散,且地质条件较差,因此污水主要通过设置 4 个污水小型泵站提升排放,污水压力管道排至金山湖路污水管道。见图 4.1-7。

图 4.1-7　场地排水系统图

4.1.1.4　问题和需求

①江南化工厂用地已进行土地修复,建设中可不考虑其影响。但垃圾填埋场封场技术陈旧,存在雨水下渗污染土壤和地下水的风险。

②作为大型娱乐设施,人流量较大,面源污染将会很高,需要从源头进行削减,并控制内部水体水质,避免对金山湖水质产生污染。

③金山湖是镇江市老城区的洪涝调蓄水体,近年来随着城市开发,水面不断被蚕食。本项目建成后,不能增加金山湖的雨水径流负担。

④作为大型公建项目及城市公共空间,魔幻海洋世界将打造成生态绿色的大型海绵景区。

4.1.2　设计目标及原则

（1）项目开发后，对于相同的设计重现期，径流量不能超过原有径流量。项目范围内场地年径流总量控制率不低于85%。

（2）对原场地的棕地和灰地进行有效处理，确保生态环境安全，严禁有污染地下水进入水体。所有下渗设施应在底部对下渗雨水径流进行有效收集，不得增加填埋场的渗滤液产量。

（3）本项目水体平时应与金山湖水面物理隔离。内部水体需具备径流调控能力，设置水质净化措施。加强水质监测，在内部水体水质达到目标要求时，才允许与金山湖水体联通。

具体设计目标要求如下：

（1）径流源头控制目标

项目范围内（含水系）场地年径流总量控制率总体达到85%，对应设计降雨量40.9mm（镇江申报国家海绵试点城市要求），面源污染（TSS）削减率不低于60%。

（2）水安全目标

有效应对30年一遇降雨，道路中一条车道的积水深度不超过15cm。

（3）水环境目标

内部水系水质目标优于Ⅳ类水。

4.1.3　设计思路

4.1.3.1　设计策略

（1）采用透水铺装，减少硬质路面的径流量；

（2）结合绿化景观设置雨水花园、下凹式绿地等，将硬质地面、屋面雨水径流引导进入绿地净化、蓄滞；

（3）部分建筑设置绿色屋顶，结合休闲娱乐打造绿色空间，降低城市热岛效应；

（4）临水部分采用生态驳岸，设置植被缓冲带及人工湿地等，在净化水质的同时营造水陆自然生态和景观；

（5）采用雨水调蓄利用设施，对项目范围内雨水进行利用。

4.1.3.2　设计流程

项目主要技术流程如图 4.1-8 所示。

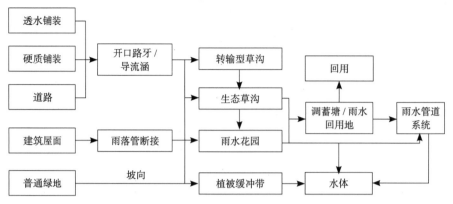

图 4.1-8 海绵城市方案技术流程图

4.1.3.3 设施选择

根据现场条件，因地制宜设置透水铺装、下凹式绿地、雨水花园、转输型草沟、生态草沟、雨水调蓄塘、雨水回用池以及植被缓冲带等海绵设施。

（1）透水铺装

景区内的园区广场、游憩廊道等基本没有或者少有车辆停放，将其设置为透水铺装，小车停车位设置为透水停车位，根据受力条件不同分别进行结构设计。基层内设置盲管将下渗雨水收集排放。

（2）下凹式绿地

在大片且平坦的绿化内设置下凹式绿地，下凹式绿地较周边道路下凹 5～8cm，对自身及周边步道的雨水径流滞蓄和净化。

（3）雨水花园

在建筑外围绿化较为宽阔处设置雨水花园，滞蓄、净化雨水。雨水花园分为蓄水层、换植土层和碎石层三部分。雨水花园中设置盲管和溢流雨水口，靠近建筑物或道路一侧设置防水土工膜。

（4）转输型草沟

转输型草沟主要布置在道路纵坡较大处的道路外侧，用于传输径流。转输型草沟底部不换填，草沟底标高较周边绿化低 15～20cm，坡度基本同道路纵坡，并保证坡向雨水花园，草沟内宜种植密集的草皮。见图 4.1-9。

（5）生态草沟

生态草沟主要布置在道路外侧，作用为传输径流及滞蓄、净化雨水。生态草沟结构同雨水花园。草沟底标高较周边绿化低 20～30cm，坡度基本同道路纵坡，并保证坡向雨水花园。见图 4.1-10。

图 4.1-9　转输型草沟

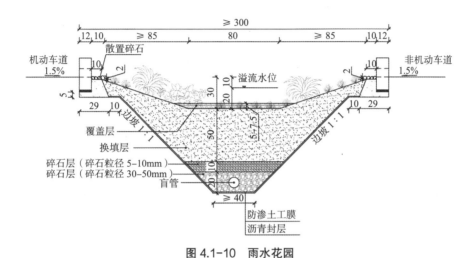

图 4.1-10　雨水花园

（6）雨水调蓄塘

在景区水上游客中心广场中结合景观布局设置雨水调蓄塘。场地内部分雨水管道排放至塘内，塘底部设置雨水放空管道，最终将雨水排入市政雨水管道。调蓄塘可以削减该区域的径流总量、面源污染及峰值流量。平时发挥正常的景观及休闲、娱乐功能，暴雨发生时发挥调蓄功能。见图 4.1-11。

图 4.1-11　雨水调蓄塘

（7）雨水回用池

景区西侧设置了大型的停车场（P2），场地雨水径流进入 LID 设施内滞蓄、净化后排入雨水回用池。回用池内的雨水可作为绿化、道路浇洒用水，同时也可作为洗车用水，提高雨水资源的利用率。

（8）植被缓冲带

结合景区内景观水体周边大量的滨水绿化空间，设置植被缓冲带。植被缓冲带为坡度较缓的植被区，临近的不透水路面雨水径流排入植被缓冲带，地表径流经植被拦截及土壤下渗作用流速减缓，同时去除径流中的污染物。

4.1.4　总体设计

4.1.4.1　设计分区指标

魔幻海洋世界项目占地范围较大。根据场地内不同功能活动分区及道路分隔，结合下垫面、竖向等条件，除水系外，将项目内部划分为 18 个区域，分区进行海绵方案设计，对每个子汇水区进行设计径流控制量计算（图 4.1-12）。考虑到各分区实际情况不同，对各分区提出不同的年径流总量控制目标。加权平均后使项目总体年径流总量控制率达 85%，对应设计降雨量 40.9mm。见表 4.1-2。

图 4.1-12　海洋世界设计分区图

魔幻海洋世界设计分区用地情况表　　　　表 4.1-2

分区编号	分区名称	分区面积（m²）	综合径流系数	年径流总量控制率标准	面源污染削减率
1	水上游客中心	81499	0.35	85%	68%
2	P2 停车场	29492	0.55	85%	68%
3	非机动车停车区	11043	0.70	75%	60%
4	江鲜街西南角	2781	0.70	85%	68%
5	P1 停车场	33202	0.60	80%	64%
6	游客服务中心	25791	0.70	75%	60%
7	醋食文化中心	12339	0.35	85%	68%
8	水陆车区	28796	0.35	85%	68%
9	主体造景区	15297	0.20	85%	68%
10	生态拓展区	70626	0.35	85%	68%
11	迷离庄园	41742	0.20	85%	68%
12	花海传音	37713	0.30	85%	68%
13	飞机区	73270	0.30	85%	68%
14	海洋馆	75913	0.75	80%	64%
15	极地馆	56687	0.75	75%	60%
16	极地馆东北角	12963	0.40	85%	68%
17	水街区	45548	0.70	75%	60%
18	润湖路东侧临水绿化	6475	0.30	85%	68%
合计		661177	0.48	82.07%	65.66%
水系		111091			
总计		772268		大于 85%	大于 60%

其中非机动车停车区、游客服务中心、极地馆、水街区域为主要人流集散地，硬质铺装面积较大，绿化空间相对较少，年径流总量控制率指标选取为 75%。P1 停车场主要为大型车辆停车服务、考虑重型车辆荷载重，不宜设置透水铺装，年径流总量控制率指标选取为 80%。海洋馆区域屋面面积占比较大，且包含两个停车场，年径流总量控制率指标同样选取为 80%。其余分区绿化空间相对较为充裕，海绵实施条件较好，年径流总量控制率需达到 85% 以上。

根据各分区测算，除水系外区域年径流总量控制率可达 82.07%，面源污染（TSS）削减率计可达 65.66%，综合考虑区域内水系调蓄体积，整体可达设计目标。

4.1.4.2 各分区指引

根据魔幻海洋世界各汇水分区所需径流控制量，分析各汇水分区下垫面情况，结合景观需求，合理进行低影响开发设施布置。片区内硬化道路、建筑屋面等下垫面径流通过周边草沟、雨水花园等设施进行渗、滞、蓄、净，LID 设施通过溢流口与雨水管网衔接，超过容纳能力的雨水通过管道最终排入片区内部水系。

（1）分区①：水上游客中心

该区域位于航道路以北，主要包括帆船中心及航道路与防洪堤之间岸坡带。方案利用绿化设置一定比例雨水花园，并在道路低点北侧设置 260m³ 调蓄塘。见图 4.1-13。

（2）分区②③④：P2 停车场、非机动车停车区和江鲜街西南角

P2 停车场位于金山湖路以北，江鲜街以西，主要包括一个小型车停车场及一栋建筑，硬质铺装面积较大。方案将停车场建设成为生态型停车场（透水停车位），在本区域径流进入市政管网之前设置调蓄塘。见图 4.1-14。

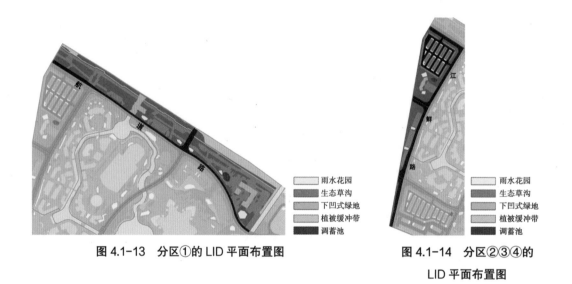

图 4.1-13　分区①的 LID 平面布置图　　图 4.1-14　分区②③④的
LID 平面布置图

非机动车停车区位于金山湖路以南，江鲜街以西，主要为硬质铺装，用于非机动车停车位。方案将非机动车停车位均作为透水铺装，结合绿化设置部分雨水花园。

江鲜街西南角主要为街角绿化，通过合理调整绿化内微地形，控制设计目标内雨水不外排。

（3）分区⑤⑥⑰：P1 停车场、游客服务中心和水街区域

P1 停车场位于环湖路以南，润湖路以西，主要包括一个小型车及大巴车停车场。硬质铺装面积较大。方案将停车场建设成为生态型停车场，并设置 200m³ 储水模块，对雨水进行回收利用（洗车）。见图 4.1-15。

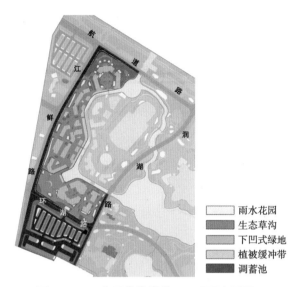

图 4.1-15　分区⑤⑥⑰的 LID 平面布置图

图例:
- 雨水花园
- 生态草沟
- 下凹式绿地
- 植被缓冲带
- 调蓄池

　　游客服务中心及水街区域位于江鲜街以东临水部分，以商业组团为主，建筑较为密集，绿化率很低。方案设置 200m³ 雨水模块，作为雨水回收利用设施（未定位）。临水部分若无法实施生态驳岸，在水体近岸边种植挺水植物和沉水植物，净化进入水系内径流，同时集中设置部分生态浮床。

　　（4）分区⑦、⑧、⑨：醋食文化中心、水陆车区和主体造景区

　　该区域位于润湖路与园区环路交叉口处，包括醋食文化馆＋水陆车总站＋主题造景区三部分，以室外活动为主，有少量建筑。结合绿地设置部分雨水花园、下凹式绿地等，部分建筑屋顶设置为可上人屋顶花园，道路低点处设置涝水行泄通道接入水系。见图 4.1-16。

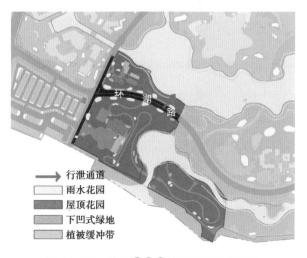

图例:
- → 行泄通道
- 雨水花园
- 屋顶花园
- 下凹式绿地
- 植被缓冲带

图 4.1-16　分区⑦⑧⑨的 LID 平面布置图

根据项目策划，该区域可能有室外动物饲养项目，养殖污水应单独进行处理后接入污水管道系统。

（5）分区⑩、⑪、⑫：生态拓展区、迷离庄园、花海传音

该区域分布于园区环路两侧。生态拓展区内主要为大面积铺装，作为花车游行表演的主要场所，将铺装全部采用透水混凝土，缓解热岛效应。迷离庄园及花海传音区绿化率较高，可利用地形高差，在地势较低处设置海绵设施；临水部分均应设为生态驳岸，大量设置植被缓冲带，净化入湖径流。见图4.1-17。

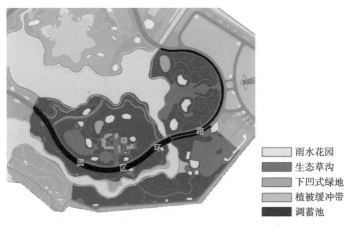

图 4.1-17　分区 ⑩、⑪、⑫ 的 LID 平面布置图

（6）分区⑬：飞机区

该区域位于区域东北角，主要为飞机项目活动区。该区域相对较为独立，雨水排入大金山湖。方案利用转角处绿化及木屋休闲空间设置一定雨水花园，并在北侧道路边设置生态草沟，对排入大金山湖的径流进行滞蓄净化。见图4.1-18。

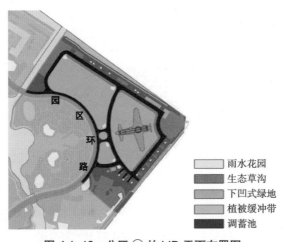

图 4.1-18　分区 ⑬ 的 LID 平面布置图

（7）分区⑭、⑱：海洋馆及周边

分区⑭位于润湖路以东，园区环路以南，主要包括两个停车场（一个大巴车停车场、一个小型车停车场）、海洋馆及其周边活动空间，硬质铺装面积较大。方案将停车场与场馆之间大片绿化设置为下凹式绿地，将两部分雨水径流分隔开来。

分区⑱为润湖路东侧临水绿化，仅承接润湖路部分路段半幅路面雨水排放，方案将该绿化设为植被缓冲带。见图4.1-19。

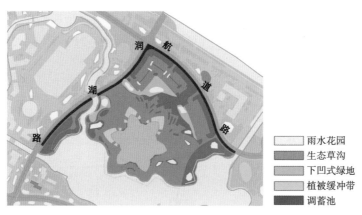

图 4.1-19　分区⑭、⑱的 LID 平面布置图

（8）分区⑮、⑯：极地馆及周边

该区域位于润湖路以西，园区环路以南，主要包括极地馆与周边活动空间。硬质铺装面积较大，且濒临水系。方案将充分利用岸坡设置植被缓冲带消纳场地内雨水。非滨水区域充分利用场地内绿化空间，与水街区域共同考虑。见图4.1-20。

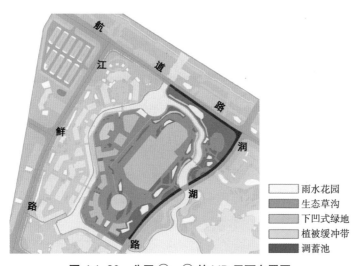

图 4.1-20　分区⑮、⑯的 LID 平面布置图

4.1.5 典型分区设计

以分区②为例，进行详细的设施布局与径流量计算，对项目年径流总量控制及达标情况进行评估核算。

4.1.5.1 下垫面及竖向分析

场地内主要包括南侧一栋建筑及北侧停车场，下垫面以路面和停车位为主，硬化率较高。地下车库顶覆土 1.5m 以上。详见表 4.1-3，图 4.1-21 ～图 4.1-23。

表 4.1-3

停车场技术指标

技术指标	数量	单位
总用地面积	2.95	hm²
绿地面积	8862.4	m²
建筑	1916.5	m²
人行道及广场	1776.2	m²
普通停车位	3069.8	m²
路面及无障碍停车位	13891.2	m²
绿化率	30%	

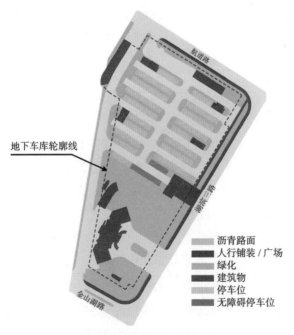

图 4.1-21 停车场下垫面

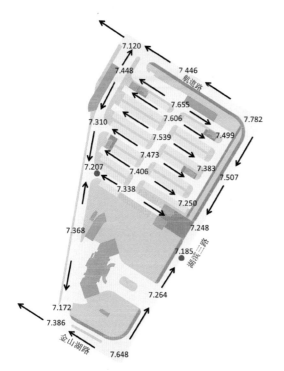

图 4.1-22　停车场竖向图　　　　图 4.1-23　平面分区图

4.1.5.2　子汇水区划分

根据场地竖向及道路横坡，将停车场划分为 14 个子汇水区。停车场周边市政道路的半幅路面一并考虑 LID 设施。

4.1.5.3　设施平面布局

子汇水区 2 内主要设施为透水铺装、转输型草沟、雨水花园、下凹式绿地、雨水回用池等。汇水区内建筑雨水通过雨落管断接、路面雨水通过平路牙及转输型草沟转输接入下凹式绿地、雨水花园进行控制，雨水通过生物滞留设施净化后进入雨水调蓄池回用，超过生物滞留设施及雨水回用池控制能力的雨水经溢流口接入预留雨水管道。见图 4.1-24。

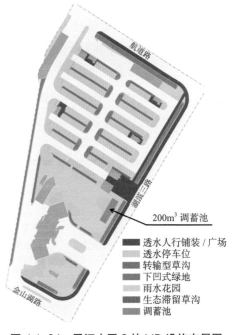

200m³ 调蓄池

透水人行铺装 / 广场
透水停车位
转输型草沟
下凹式绿地
雨水花园
生态滞留草沟
调蓄池

图 4.1-24　子汇水区 2 的 LID 设施布局图

4.1.5.4 达标分析

（1）计算控制雨量体积

通过采用海绵设施，可控制的雨量体积为：

$$V = V_S + W_P$$

式中：V_S——渗透设施的有效存储体积（m^3）；

$\quad$ W_P——渗透量（m^3），$W_P = KJA_S t_S$；

$\quad$ K——土壤渗透系数（m/s），取 100mm/h；

$\quad$ J——水力坡降，取 1；

$\quad$ A_S——有效渗透面积（m^2）；

$\quad$ t_S——渗透时间（s），取 2h。

（2）计算年径流总量控制率

分区②中 3 号子汇水分区采用的 LID 设施主要有透水铺装、下凹式绿地、生态草沟及雨水花园，实际可以控制容积为 52.2m^3（含雨水回用池内控制 33m^3），年径流总量控制为 85.4%。按照三号子汇水分区控制容积计算方法，分别计算其他子汇水分区的年径流总量控制率。加权平均各子汇水区年径流总量控制率，分区②年径流总量控制率可达到 85%，满足要求。见表 4.1-4，表 4.1-5。

（3）面源污染削减率

根据《海绵城市建设技术指南（试行）》：面源污染（TSS）削减率 = 年径流总量控制率 × 低影响开发设施对 TSS 平均削减率。

三号子汇水分区 LID 设施控制容积计算表　　　　　表 4.1-4

编号	设施类型	面积（m^2）或长度（m）	设计参数	实际控制容积 V（m^3）	
				算法	数值
1	透水铺装	310	仅参与综合雨量径流系数计算	$V_x = A \times$（蓄水深度 ×1+换填层厚度 ×0.2+碎石层厚度 ×0.3）× 容积折减系数	—
2	下凹式绿地	25.3	蓄水深度 0.08m		1.77
3	生态草沟	19	蓄水深度 0.12m，换填层厚 0.45m，碎石层厚 0.3m		9.25
4	雨水花园	35	蓄水深度 0.2m，换填层厚 0.5m，碎石层厚 0.3m		8.22
5	雨水回用池	—			33
合计					52.2

分区②年径流总量控制率计算表　　　　　　　　表 4.1-5

子汇水区	区域面积（m²）	雨量径流系数	透水铺装（m²）	雨水花园（m²）	生态草沟（m²）	雨水回用池（m³）	下凹绿地（m²）	调蓄体积（m³）	调蓄雨量（mm）	年径流总量控制率
一	3321	0.78	307	74.4	92	7		102.0	39.2	84.25%
二	1315	0.77	158	100.9		16.5	25.3	41.8	41.3	85.15%
三	1660	0.76	310	35.3	15.6	33	25.3	52.2	41.9	85.44%
四	1425	0.66	428	117.1		9.6	48.2	40.2	42.8	85.80%
五	1368	0.66	474	60.9	19	10.6	48.2	39.4	43.7	86.19%
六	1340	0.67	415	96.8		12.6	48.2	38.5	43.2	85.99%
七	1368	0.67	442	50.4	19	13.8	48.2	40.2	43.8	86.24%
八	1161	0.66	339	93.5		8.3	48.2	33.5	43.6	86.16%
九	1368	0.66	474	60.9	19	10.6	48.2	39.4	43.7	86.19%
十	863	0.62	295	84.5		0.9	48.2	24.0	45.0	86.76%
十一	939	0.64	293	58.3	10.4	4.2	48.2	27.3	45.3	86.86%
十二	2877	0.62	107	271		5.7		68.8	38.8	84.09%
十三	4973	0.55	558	317	44	6.7		106.6	39.3	84.30%
十四	5535	0.71	240	300	42	60.5		155.3	39.9	84.54%
合计	29516	0.64	4846	1721	261	200	436.2	809.3	41.1	85.06%

　　分区②主要采用雨水花园、生态草沟、雨水花园、透水铺装等削减 TSS，根据表 4.1-6 数据，本项目 LID 设施对 TSS 的平均削减率参照复杂型生物滞留设施的取值80.6%，面源污染（TSS）削减率 =68.6% > 68%，满足指标考核要求。

分区②面源污染（TSS）削减率计算表　　　　　　　　表 4.1-6

LID 设施	控制容积（m³）	面源污染（TSS）削减率
透水铺装	—	80%
下凹式绿地	30.5	—
生物滞留草沟	177.9	85%
雨水花园	400.8	85%
雨水回用池	200.0	80%
平均值	—	80.6%

注：各类 LID 设施的 TSS 去除率数据来自美国流域保护中心的研究数据。

4.1.6 设计总结

（1）海绵城市建设应有系统思路，不能只考虑指标达标，而应该通过对原场地生态本底以及水安全、水环境等问题的分析，结合场地开发建设需求，合理利用条件，科学确定指标。

（2）本项目设计周期长，用地内各子项目后期调整可能性较大，应在前期结合总平面及竖向布局，合理分区并确定分区指标。通过指标控制，规范后期建设行为，确保不降低指标，达到保护水文生态特征的目的。

（3）水环境达标涉及点源污染收集、面源污染削减以及地下水污染防治，需要统筹考虑、综合发力，源头削减、驳岸拦截、水体治理相结合，共同打造水清岸绿的优美环境。

4.2 镇江西圩区水系综合治理系统方案

项目类型：水系治理
项目位置：镇江市西圩区
规划范围：11.2km²
实施时间：2016 ~ 2020 年

4.2.1 项目概况

西圩区位于镇江市主城西区，西起运粮河西河口，东至芙蓉路、金山湖一线，南起运粮河一线、北至长江沿岸，面积约为 11.2km²。现状整体地面高程在 2.5 ~ 4.0m 之间。本片区以戴家门路为界，东部属南徐分区和金山湖风景区，是以居住、商贸、旅游服务为主的城市综合区；西部属高资分区，以船舶制造、港口码头工业为主，是镇江市现代化港口产业园区的重要组成部分。见图 4.2-1。

随着西圩区土地开发的不断加快，原有自然水系已不能满足城市排水防涝的要求，同时水环境质量也在不断恶化，对西圩区水系进行系统性治理的需求日益迫切。

本项目通过收集、梳理分析区域河流、水体现状情况，结合规划发展要求，确定区域适宜水面率，布局水体，构建水系，引导区域开发建设。防止传统城市开发建设过程中产生的水安全、水环境问题，保护区域自然水生态系统。

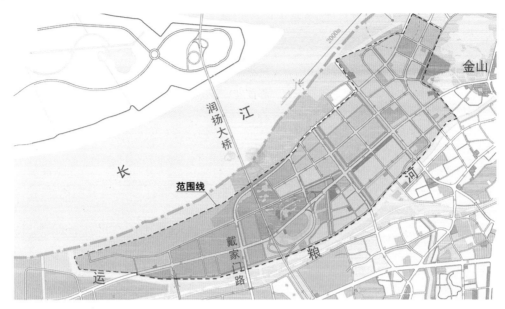

图 4.2-1　西圩区的地理位置

4.2.1.1　自然条件

镇江市属北亚热带季风气候，季风特征明显，四季分明，温暖湿润，年平均气温15.4℃，最高温度40.9℃，最低温度 –12℃，最高夏季年平均气温26.5℃，最低冬季年平均气温3.9℃，年平均降雨量1088mm。降水多集中在 5 ～ 9 月，多年 5 ～ 9 月平均降水量669.5mm，占全年降雨量的60% ～ 80%，其中暴雨多集中在 6 ～ 8 月。

全年盛行风向为东南风，春夏季多东南风，冬季多西北风，每年 6 ～ 9 月份多受台风影响。

4.2.1.2　场地条件

西圩区主要属于长江冲积平原区，为长江近代冲积形成的河漫滩、芦苇滩地。现状水系、水塘众多，且地势低平，现状地面标高在2.6 ～ 4.0m之间。

场地地貌单元为长江冲积漫滩地貌类型。场地内沉积了软弱土层，上部以淤泥质粉质黏土为主，下部以砂性土层为主。场地地下水类型属上层滞水，补给来源主要为大气降水及地表径流。稳定水位深度在地表以下约2m左右。地下水对混凝土无侵蚀性。

4.2.1.3　现状水系

片区带状水系总体可以概括为："一横五纵"。详见表4.2-1。

区内现状块状水面面积约97.51hm²，是带状水系面积的4.8倍。片区水系总面积约为117.74hm²，水面率为10.5%。见图4.2-2。

<table>
<tr><th colspan="6">西圩区现状带状水系统计表</th><th>表 4.2-1</th></tr>
<tr><th>序号</th><th>名称</th><th>长度（m）</th><th>宽度（m）</th><th>面积（hm²）</th><th colspan="2">河床底标高（m）</th></tr>
<tr><td>1</td><td>头道河</td><td>1880</td><td>约 30</td><td>5.64</td><td colspan="2">0.19</td></tr>
<tr><td>2</td><td>二道河</td><td>1410</td><td>约 19</td><td>2.68</td><td colspan="2">0.29</td></tr>
<tr><td>3</td><td>三道河</td><td>1020</td><td>约 12</td><td>1.22</td><td colspan="2">0.49 ~ 0.89</td></tr>
<tr><td>4</td><td>四道河</td><td>900</td><td>15</td><td>1.35</td><td colspan="2">0.19</td></tr>
<tr><td>5</td><td>五道河</td><td>508</td><td>15</td><td>0.76</td><td colspan="2">0.19</td></tr>
<tr><td>6</td><td>跃进河</td><td>5718</td><td>15</td><td>8.58</td><td colspan="2">0.19 ~ 0.69</td></tr>
<tr><td>7</td><td>总计</td><td></td><td></td><td>20.23</td><td colspan="2"></td></tr>
</table>

图 4.2-2　西圩区未开发前水系分布图

由此可见，西圩区原水面率较高。大量的水系，对降雨的蓄洪、滞洪作用明显，有效地延长了排洪时间、降低了洪峰流量，保障了区域防洪安全。

4.2.1.4　问题及需求分析

随着城市发展，西圩区被纳入城市建设用地范围内，其濒临长江的区位优势，更使其成为城市开发的热土，但随之而来的对生态环境的破坏也很明显，主要反映在：

（1）局部低洼地区积涝成灾。

目前，片区内河道主要以满足灌溉需求为主，长期以来自行发展，局部地区淤积严重，局部地区河道上还建有阻水建筑物，对河道行洪形成影响。现状河底淤积厚度一般为 1.5 ~ 2.0m，河道断面缩小近 15%，达不到原设计排洪要求，更不能满足城市河道防洪要求。提升泵站排水能力不足，个别泵站设备陈旧，锈蚀严重，效率低下，噪声较大。

土地开发造成河道的行洪、调洪能力不断下降，沿河两岸局部低洼地区积涝成灾。

（2）河道污染严重

土地开发与排水管道建设不同步，河道两岸居民和生产企业的污、废水直排入河，使河道水面环境状况日益恶化，河道多年未进行清淤，富营养化严重，河道内水生植物泛滥成灾，杂草丛生，垃圾堵塞，水质很差。

（3）片区内水系规划需要修编

《镇江市水系蓝线规划》编制于 2005 年，但规划没有从防洪排涝安全和水质改善方面进行系统考虑。城市开发建设及新增龙门雨水泵站后，对水系的行洪调蓄和水环境质量产生的影响，也需要进一步系统分析。

综上需要在区域大规模开发前，制定水系规划，以规范开发行为，保护圩区基本生态和环境安全。

4.2.2　设计目标及原则

水安全：通过水系及排涝泵站规划满足 30 年一遇城市排水防涝要求。

水环境：通过控源截污、引水活水等措施恢复和改善西圩区水质优于地表水 V 类水质标准。

水生态：构建与片区发展相协调的水生态体系，提高雨水利用率，建设生态岸线和湿地系统。

4.2.3　水系布局研究

随着镇江城市的不断发展，西圩区近几年呈现地块集中开发建设的态势。土地出让、道路建设过程中，虽然保留了主要带状水系（面积约 20.23hm²），但众多块状水面（面积约 89hm²）被取消，规划片区水面率已达不到未开发前的 10.5%。

根据《镇江市城市防洪规划》（2012 ~ 2030），西圩区隶属运粮河流域，该流域面积 60.13km²，其中机排区面积 17.26km²，自排区面积 42.87km²，规划整体水面率不低于 6.19%。见图 4.2-3。

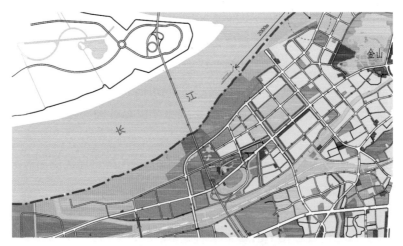

图 4.2-3　西圩区用地规划图

《镇江市城市排水规划（修编）》（2011～2020）中，在保留原有带状水系的基础上，新增了百花河、环湖河、解放湾河、联系河、润湖河和柳城河 6 条河流，保留及新增了块状水面约 51.12hm²，使该区域水面率提高到 6.37%。

本方案整合各上位规划，形成区域水系布局具体成果如图 4.2-4 所示。

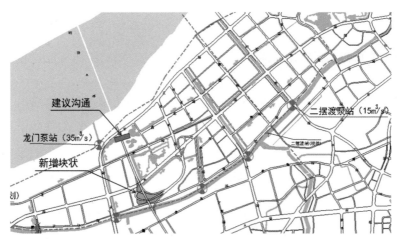

图 4.2-4　西圩区水系及泵站布局图

整治跃进河、头道河、二道河、三道河、四道河、五道河、太平河等现状河道，新增百花河、环湖河、解放湾河、联系河、润湖河和柳城河。百花河与跃进河一起构成"二横"水系，头道河、二道河、三道河、四道河、五道河组成"五纵"水系。"二横五纵"构成区域的"网"状水系，呈现伸展辐射状。此外，由联系河、柳城河、解放湾河、环湖河、润湖河及太平河沟通各相邻水系，均匀深入到规划区内，使开发后地块雨水径流以最短的距离进入河道。水网密度达 2.08km/km²。详见表 4.2-2。

西圩区规划带状水系统计表 表 4.2-2

序号	名称	长度（m）	河口宽（m）	绿化带单侧宽（m）	水域面积（hm²）
1	头道河	1920	30	10	5.76
2	二道河	1790	40	10	7.16
3	三道河	1060	30	10	3.18
4	四道河	1481	30	10	5.13
5	五道河	530	25	10	1.33
6	跃进河	5718	15～30	10	14.62
7	百花河	3065	10	7.5	3.07
8	解放湾河	1660	10～30	10	3.65
9	柳成河	390	10	10	0.39
10	联系河	1821	30	20	5.46
11	环湖河	2104	10	10	2.10
12	润湖河	1057	10	10	1.06
13	太平河	625	10	10	0.63
合计					53.53

区内规划块状水系面积为 17.82hm²，带状水系面积为 53.53hm²，片区规划水面率为 6.37%，满足了《镇江市城市防洪规划》（2012～2030）中水面率不低于 6.19% 的要求，但与《城市水系规划规范》建议的城市适宜水面率 10% 相比较，仍有一定差距，难以保证区域的防涝安全，需从水体的运行调控及径流控制等方面采取措施，提高本区域的防涝安全。因此要求本区域在开发中应遵循低影响开发理念，从源头滞蓄雨水，削减暴雨洪峰流量。

4.2.4 水体调控方案

4.2.4.1 现有泵站情况

西圩区目前有 7 座提升泵站，规划新建龙门泵站，主要由二摆渡和龙门泵站承担排涝功能，其余小泵站保留为引活水泵站。详见表 4.2-3。

西圩区现状提升泵站统计表 表 4.2-3

序号	名称	规模（m³/s）	排往方向	建设或改造时间	主要功能
1	二摆渡泵站	15.0	运粮河	2010	排涝
2	三摆渡泵站	3.3	运粮河	1978	排涝、灌溉
3	四摆渡泵站	2.8	运粮河	2011	排涝、灌溉

续表

序号	名称	规模（m³/s）	排往方向	建设或改造时间	主要功能
4	五摆渡泵站	5.4	运粮河	2011	排涝、灌溉
5	六摆渡泵站	0.2	运粮河	1978	排涝、灌溉
6	太平圩泵站	2.3	运粮河	1987	排涝、灌溉
7	龙门泵站	35.0	长江	2017	排涝

4.2.4.2 泵站规模及水位调控

（1）泵站规模

西圩区的排涝规模计算采用两种方法计算，一是单位线推求洪峰流量，再通过试算得到西圩区泵站排涝规模；二是采用 XPSWMM 模型模拟的方法确定排涝模数及泵站总规模。根据上述两种方法计算的泵站规模，综合确定西圩区排涝模数和泵站排涝规模。

①单位线法

西圩区水面总面积约 66.75hm²（不含润扬大桥下新增景观水面），在洪峰发生前，预降水位 1.0m 进行雨水调蓄，则水域可提供的总蓄洪容量为 66.75 万 m³，经过试算，当提升泵站总规模达到约 44m³/s 时，基本可以满足排水和调蓄的平衡要求，如图 4.2-5 所示。

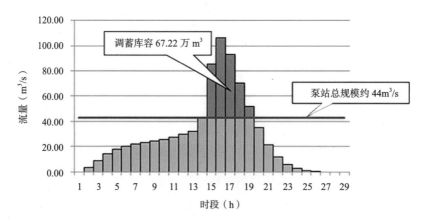

图 4.2-5 单位法推求排涝规模计算图

② XPSWMM 模型模拟

XPSWMM 模型采用一维非恒定流和二维坡面漫流耦合，结合地面高程模型、现有水系、管道、排涝泵站系统，模拟西圩区公共水系水面率控制在 6%，地块基本开发完毕的条件下，遭遇 30 年一遇 24 小时设计暴雨，区内水系暴雨前预降水深 1m，排涝规模取 50m³/s 时，区域河道防洪基本安全。但地块存在一定风险，润江路、长江路、金山湖路、慈寿路、环湖路、镜天路、临江路发生局部溢流，最大积水深度小于 50cm，并在 40min 左右退水，能保证城市干道有一条车道通车，基本达到了地级市中心城区的内涝防治标准。见图 4.2-6。

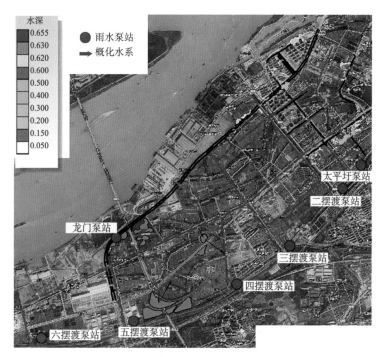

图 4.2-6　西圩区 30 年一遇涝水风险图

为保证防涝安全，本方案采用模型法模拟结果，即西圩区 30 年一遇排涝总规模为 50m³/s（排涝模数约为 4.46m³/s/km²）。

西圩区保留二摆渡泵站（15m³/s）和新建的龙门雨水泵站，将涝水提升、一步出江；其余运粮河沿线三摆渡~六摆渡等小泵站不再承担雨天的排涝功能、不再扩建。

（2）水位调控

西圩区水系水位计算起点为二摆渡或龙门雨水泵站，泵站的集水池设计水位为 1.5 ~ 1.8m，考虑站前格栅的水头损失后，进泵站水系水位约为 1.7 ~ 2.0m。

根据西圩区特点，综合考虑河道防洪安全以及地块防涝需求，按照 3 种工况对河道水系进行水位调控（表 4.2-4）：

① 非汛期（春、秋、冬季）降雨量小、降雨强度均匀，甚至长时间不降雨。河道保持较高水位，可以营造景观效果，对地块排水影响也较小。

② 夏季降雨来势快、雨量大，河道保持较低水位可提高防涝安全性。随着水位的持续升高，不断增加开泵数量，以控制水系的水位不超过设定值。

③ 暴雨雨情发生前，则预先降低水系水位，腾空库容用来调蓄。同时，在降雨初期就应投入较多的排涝力量，严格控制水位的抬升，直至暴雨雨情结束。

西圩区水系水位设置表   表 4.2-4

序号	名称	非汛期常水位（m）	汛期常水位（m）	暴雨雨情前水位（m）
1	头道河	1.7 ~ 2.08	1.5 ~ 1.88	1.0 ~ 1.38
2	二道河	1.7 ~ 2.06	1.5 ~ 1.86	1.0 ~ 1.36
3	三道河	1.7 ~ 1.92	1.5 ~ 1.72	1.0 ~ 1.22
4	四道河	1.7 ~ 1.88	1.5 ~ 1.68	1.0 ~ 1.18
5	五道河	1.7 ~ 1.81	1.5 ~ 1.61	1.0 ~ 1.11
6	跃进河	1.8 ~ 2.1	1.6 ~ 1.9	1.1 ~ 1.4
7	百花河	1.9 ~ 2.2	1.7 ~ 2.0	1.2 ~ 1.5
8	解放湾河	1.76 ~ 1.84	1.56 ~ 1.64	1.06 ~ 1.14
9	柳成河	1.9 ~ 1.96	1.7 ~ 1.76	1.2 ~ 1.26
10	联系河	1.81 ~ 2.08	1.6 ~ 1.88	1.11 ~ 1.38
11	环湖河	1.7 ~ 2.1	1.5 ~ 1.9	1.0 ~ 1.4
12	润湖河	1.9 ~ 2.0	1.7 ~ 1.8	1.2 ~ 1.3
13	太平河	1.7 ~ 1.85	1.5 ~ 1.65	1.0 ~ 1.15

泵站进水端河道洪水位（30 年一遇暴雨）约为 2.0m。根据泵站的服务范围，圩区距泵站最远端的河道距离约为 4000m，按最长排入河道的管道长度约 500m 计，则应控制泵站远端道路或地块的标高一般不低于 4.40m，近泵站的道路或地块标高不宜低于 4.0m。见表 4.2-5。

西圩区竖向高程控制   表 4.2-5

名称	水系设计水位（m）	河岸标高（m）	道路或地块标高（m）	河底标高（m）	道路或地块填方（m）
泵站附近	2.0	2.5	> 4.0	−0.5 ~ 0	0.2 ~ 0.6
远离泵站的控制点	2.4	2.9	> 4.4	0 ~ 0.5	0.2 ~ 2.0

4.2.4.3 水系断面规划方案

根据片区用地规划、水面率要求、水系布局形态以及行洪流量的要求综合确定水系规划断面。

规划区内河口宽分别为 40m、30m、25m 的河道基本为下游排涝泵站的主进水通道，水域用地相对较宽，正常水深在 2.0m 左右，其断面形式如图 4.2-7 所示。

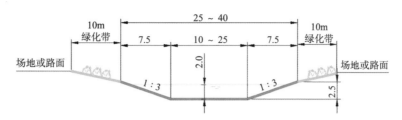

图 4.2-7　河口宽 25 ~ 40m 水系断面示意图

规划区内河口宽为 10m 的河道均位于排涝泵站上游，汇水面积相对较小，水域用地略窄，正常水深在 1.5m 左右，其断面形式如图 4.2-8 所示。

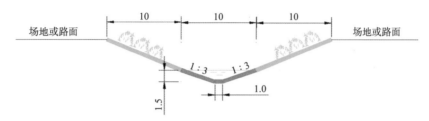

图 4.2-8　河口宽 10m 水系断面示意图

因河道地处圩区，地势平坦，在满足行洪需要的前提下，设计纵坡一般不超过 0.1‰，现状土质以淤泥质粉质黏土为主，考虑河道边坡稳定性，自然河坡坡比一般不大于 1：3。

以上断面为河道基本标准断面，在具体实施过程中，应结合景观、生态等因素进一步优化，如适当考虑种植平台、生态浮岛及观景台的布置，力求将西圩区水系建设成环境优美的生态景观河道。见图 4.2-9。

图 4.2-9　生态景观河道典型示意图

4.2.5 水环境治理方案

西圩区水环境治理应以问题为导向，采用控源截污、内源治理、生态修复等手段综合实现水质改善的目标。

4.2.5.1 现状河道水质及污染成因分析

规划区水系污染状况严重，块状水系多为养鱼塘，水质略好，可达Ⅴ类水标准；带状水系内杂草丛生，局部地段垃圾在河道内腐烂、分解，使得河道水色发暗、发黑，味臭难忍，水质基本上劣于Ⅴ类水标准。见图4.2-10。

图4.2-10　西圩区现状典型水面情况

水系污染源分析如下：

（1）雨水、污水混排。由于建设时序差异，新建小区产生雨水、污水混接导致污水下河；部分城中村以及小作坊式工厂也将生活、工业污水直接排入水系。

（2）河道多年未清淤，杂草丛生，水生植物泛滥，在河道内疯长——死亡——沉入底泥——变质腐烂，向水体内释放有机物，造成水体富营养化。

（3）人为倾倒建筑、生活垃圾，造成水体污染。

（4）圩区河道流动性差，河道之间相互隔离，成为"死水一潭"，加速了水质恶化。

（5）块状水系的污染，主要来自于大量投放的鱼食，不能完全被消化吸收，造成污染。

4.2.5.2 污水截流方案

对新建居住区的雨污混接管道，应采用先进探测技术进行详查，根据实际情况制定方案，改造混接管道。对城中村以及小企业的污水，近期可沿河进行污水截流，远期根据规划逐步拆迁、消除污染源。见图4.2-11、图4.2-12。

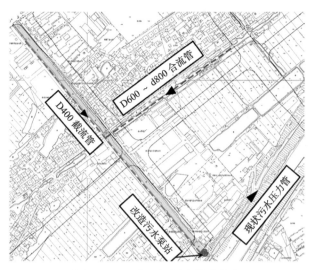

图 4.2-11 太平河污水截流方案

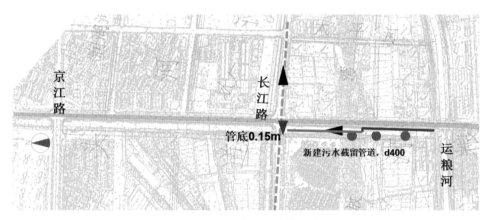

图 4.2-12 头道河污水截流方案

4.2.5.3 面源污染控制

根据国内外的相关研究，城市面源污染也是水环境污染的重要原因之一。在建设城市排水管网系统的基础上，进一步加强城市面源污染的控制，对改善水环境质量，意义重大。

西圩区开发建设中应落实海绵城市建设理念，采用绿色雨水基础设施，从源头对雨水径流进行截流、蓄渗，有效降低雨水径流中的污染负荷，削减洪峰流量和径流总量：新开发地块全面采用低影响开发模式，建设源头控制设施；已建区域应制定计划，因地制宜地改造雨水收集系统，减少通过雨水管道系统排入水体的初雨污染物；河道建设时应结合景观设置植被缓冲带，利用植物拦截并去除雨水径流中的部分污染物。部分示意见图 4.2-13。

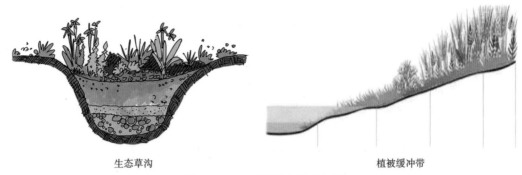

生态草沟 植被缓冲带

图 4.2-13　绿色雨水基础设施

4.2.5.4　引水活水

西圩区现状水环境质量较差的另一大原因是"河道来水量小，缺乏必要的流动性，成为死水一潭"。针对这一情况，本方案提出西圩区的引水活水方案，基本原则为"外循环+内循环"。日常水质维护以"内循环"为主，立足自身解决河道水质问题；当突发水质恶化或"内循环"水质净化效果不佳时，启用"外循环"系统，引清水入圩区，通过沿运粮河的小泵站（表 4.2-3）将受污染的河水排入运粮河。

①"外循环"方案

利用润扬大桥西侧现状一座 1.5m³/s 的引江水灌溉泵站，引长江水进入西圩区，同时二摆渡闸上游运粮河段（与金山湖通）、小金山湖及金西水厂清水通道均可引清水进入西圩区，置换的河水通过三摆渡~六摆渡等现状小泵站排入运粮河。利用运粮河的水环境容量以及河道内改造的生态净化设施，降低污染影响。见图 4.2-14。

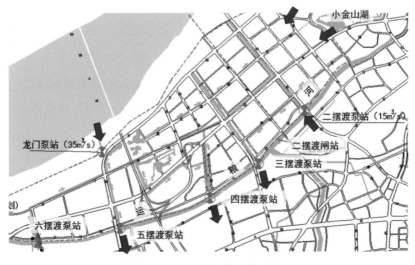

图 4.2-14　"外循环"方案路径图

② "内循环"方案

"内循环"方案立足于建立西圩区内部的水循环系统，实现日常的水质维护功能，原则上不从长江、金山湖及运粮河引水，也不对外排出河水。由于西圩区水系呈纵横布置形态，起、末端不能形成环状水网，要实现自身"内循环"就需要将纵横布置的水系首末端沟通，本方案主要采用水处理站、循环管道、提升泵站、湿地等组合措施来实现"内循环"，增加水体流动性，达到水质自净化的效果。具体方案示意见图 4.2-15。

图 4.2-15　"内循环"方案示意图

4.2.5.5　原位治理

原位处理措施主要包括河道底质改良及原位水质净化等，通常设置在河道的首末端等流动性差或水质污染严重的区域。

（1）底质改良

河道疏浚后，沉水植物种植前对底质进行改良，中和底泥中的各种有机酸，稳定水底 pH 值，迅速降解底质有害物质，提高水底氧化性，消除底泥释放引起的内源污染。见图 4.2-16。

（2）原位水质净化

原位水质净化措施可采用生态浮岛、生物聚生毯、射流曝气、石墨烯光催化网等技术。

① 生态浮岛

生态浮岛由植物、浮床、填料（浮岛内部包含表面曝气装置）组成，表层植物采用木土植物，同时考虑景观美化效果，浮床为植物、填料、表层曝气装置提供浮力，曝气装置为浮床下的填料提供溶解氧，通过填料上的生物膜降解河水中污染物，净化水质。示意见图 4.2-17。

图 4.2-16　底质改良实例

图 4.2-17　生态浮岛断面示意图

② 生物聚生毯

生物聚生毯为一种人造膜，表层种植植物，覆盖于河坡上。河水经提升、喷淋在毯上，利用聚生毯的过滤作用和底层菌藻共生体净化水质。生物聚生毯表层的植物可掩盖聚生毯底层的生物膜与菌藻共生体，同时具有较好的景观美化效果。见图 4.2-18。

③ 射流曝气

射流曝气设备可为河道提供充足的溶解氧，帮助河道内微生物对污染物降解，同时对河水有一定的推动作用，有利于河道水循环。见图 4.2-19。

图 4.2-18　生态浮岛及生物聚生毯河道
改造示意图

图 4.2-19　射流曝气实景图

④ 石墨烯光催化网

石墨烯光催化网基材是聚丙烯编织网，在网上附着了石墨烯、光敏、量子等材料，通过提升光催化作用，实现分解水制氧的效果，大大加快了河水中耗氧微生物的成长，进而能较快消耗水中的多余营养物，使得河道水逐渐变清。原理见图 4.2-20。

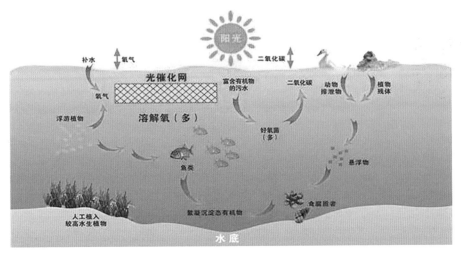

图 4.2-20　石墨烯光催化网水净化原理图

4.2.6　水生态保护

4.2.6.1　地块开发的径流控制

圩区地块开发，大量坑塘水面被填埋、硬化，水面率由原来的 10.5% 下降到 6.39%，整个区域对降雨径流的蓄滞、净化、调控能力降低。尽可能维持自然水文特征，在开发建设中应强化生态建设理念，践行海绵城市建设。在小区建设中结合景观设置水面，使片区总水面率达到 8%。另外，通过设置下凹式绿地、雨水花园等滞蓄净化雨水，加强雨水利用以减少径流量。见图 4.2-21、图 4.2-22。

图 4.2-21　地块开发典型水景效果图

图 4.2-22　雨水罐和雨水回用设施

4.2.6.2　生态岸线建设

　　传统的河道护岸以水泥、沥青、混凝土等硬性材料为主要建材,阻断了水陆之间的生态通道,损害了河流的生态功能。生态型护岸顺应了人与自然共生的要求,以保护创造良好生态环境和自然景观为前提,在保证护岸具有一定安全性、耐久性的同时,兼顾水系的环境效应和生态效应,以达到一种水体—土体、水体—生物相互涵养、适合生物生长的仿自然状态。

　　生态型护岸形式多样,通过发挥天然原生柔性材料的性能,既能满足护岸的安全稳定性,又能兼顾水系原有生态的可延续性和多样性。如图 4.2-23、图 4.2-24 所示。

图 4.2-23　自然原型护岸　　　　　　　　　图 4.2-24　生态景观护岸

4.2.6.3　湿地系统

　　湿地具有不可替代的生态功能,享有"地球之肾"的美誉。西圩区未开发前有大量的河塘、水面和自然湿地,但城市开发将大幅降低水面率。为了进一步提升西圩区整体的水环境质量，本方案结合引水活水，利用润扬大桥下的规划绿地，设置湿地系统，集中净化、提升河道水质，也提升西圩区的生物多样性。

在四道河末端规划绿地中，建设提升泵站、水处理站及湿地，通过泵站将河水提升至水处理站处理，主要去除河水中的 TSS，处理后的河水再经人工湿地群净化过滤，进一步削减 TSS 和降解可溶性污染物，基本确保出水达到地表Ⅳ类水的标准，最后再利用提升泵站和循环管道，将处理净化的河水送到圩区各支状水系的端部，形成内循环系统（图 4.2-25）。

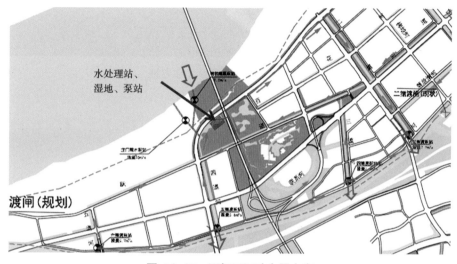

图 4.2-25　西圩区湿地布置方案

湿地的种类较多，如表流湿地、潜流湿地、芦苇床湿地等，这些湿地各有功效和特点。本次项目以构建湿地群（公园）为主要思路，充分发挥规划绿地空间大的优势，合理协调河道、泵站、水处理站的布局及周边整体景观效果，力求实现水质净化和景观游憩的双重功能。见图 4.2-26、图 4.2-27。

图 4.2-26　典型湿地公园

图 4.2-27 典型芦苇床净化湿地

4.2.7 结语

圩区水系具有防洪排涝、生态调节和景观旅游等多重功能，水体水质对区域人居环境和城市品质具有重大影响。

本方案结合圩区特点，以水安全为优先，重点规划确定圩区水系的布局、竖向、断面及排涝规模，同时结合海绵城市建设理念，打造生态河道和构建水质保障系统方案，为后续的水系治理工程实施提供了顶层设计，也为该区域城市开发奠定良好的生态基础。

4.3 高校园区泄洪道景观工程方案

项目类型：景观工程
项目位置：镇江市高校园区园区西路东侧绿地
规划范围：20hm²

4.3.1 项目概况

本项目位于镇江市高校园区西端，北临长香路，南望312国道，西邻园区西路，东与教工生活区、规划支路相接，占地面积约20hm²，是一块集管线防护、山水泄流、休闲游憩等功能为一体的城市绿地。如图 4.3-1 所示。

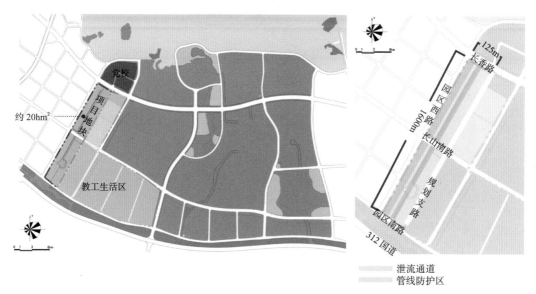

图 4.3-1　泄流通道地理位置

项目范围原地貌为农田和水塘，在对高校园区内的工业长输管线进行整理时，园区西路边形成了宽度约 100m 的管线廊道及保护区（建筑物禁止建设范围）。道路及管线的建设将原山洪滞蓄、泄流通道破坏，为了保障该区域排水防涝安全，在廊道边布置了泄流通道，将该区域的降雨径流排向 312 国道边的现状水系，由此形成了一条长约 1.6km、宽 125m 的防护廊道。

4.3.1.1　气象与水文地质

镇江地处亚热带季风区，气候温和、四季分明、雨水丰沛。多年平均气温 15.7℃，1 月最冷，7 月最热。年平均湿度 76%，年最大降雨量 1601.1mm，最小降雨量 457.6mm，年平均降雨量 1063.1mm。雨季为 6 ~ 9 月，年平均降雨日 119.7 天。年最大面平均蒸发量 1164.3mm，最小 665.9mm，年平均 869.8mm。主要风向夏天为东、东南风，冬天为东北风。

镇江地区位于宁镇山脉东段，勘探区第四纪覆盖层厚度较深。根据邻近场地勘察资料，场地覆盖厚度 15 ~ 50m。高校园区所处的镇江市长山片区属于低山丘陵区和长江冲积平原区，地形为北高南低的阶梯状。北侧十里长山最高处约 350m，南部边界高程 16.0m。用地内有石马水库、红旗水库、海燕水库等几个水库以及配套泄洪水渠，景观条件良好。水系现状如图 4.3-2 所示。

图 4.3-2　高校园区水系现状图

4.3.1.2　场地条件

高校园区所处的十里长山片区水库众多，除了位于园区内的石马水库、红旗水库、海燕水库外，还有西湾水库、张寺水库、丰产水库、山南水库等，都是小型在册水库。依据地形，这些水库下游均有泄洪通道，将超过水库蓄积能力的山洪下泄，排到南边的城市水体。

高校园区总体规划的平面竖向整体协调了原地形，本项目所处的集水区范围较小。设计范围内的水系为泄流通道，主要承接了长香路以北约 33hm² 的汇水以及泄流通道两边从园区西路到长山西路之间的降雨径流，集水面积约 85hm²。见图 4.3-3。

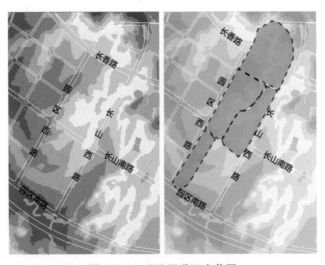

图 4.3-3　泄流通道汇水范围

　　场地现状地形东高西低，竖向高差约 5 ~ 15m；南北向总体北高南低，但局部存在三个高点，竖向高差约 3-10m，局部存在坑、塘和小水系。见图 4.3-4。

图 4.3-4　现状管线、水系、地形

4.3.1.3 问题与需求

（1）问题

传统的泄洪通道为防止暴雨期山洪冲刷，往往做成三面光的形式，非雨天硬质岸坡甚至河底完全裸露，不仅破坏了生态，景观效果也很差。而为了减缓流速增加的挡流堰，形成一段段"死水"，还会造成水质恶化，影响周边环境。见图4.3-5。

图 4.3-5　传统硬化的泄流通道

项目范围内的工业长输管线主要为油气管线，安全防护要求较高：严禁在管道两侧各5m范围内取土，且在管道两侧各10m范围内进行任何机械动土作业或交叉穿越施工必须事先与管道企业联系，确认安全许可后方可施工作业。因此紧邻园区西路50m范围为管线防护区，不能擅动。见图4.3-6。

（2）需求

镇江高校园区位于生态丹徒境内，在园区规划之时就已经确立了低影响开发、生态建设的基本理念和要求。本项目的设计也需要响应、落实该要求。

泄流通道是预留的洪水期山洪下泄的通道，平时水量明显偏少甚至断流。经测算，相同断面50年一遇的水量约为1年一遇水量的2 ～ 3倍，水量差异不仅对植物的生长不利，也影响景观的营造。另外，传统硬化的泄流通道无法消解集流区域内的面源污染。

图 4.3-6　管线防护范围及现状

4.3.2　设计目标与思路

根据本项目在高校园区的定位,确定景观设计的目标为立足生态、师法自然,将景观设计和雨洪管理相互融合,塑造生态、活力、可持续的栖居环境。

首先,通过弹性的河道断面设计来解决泄流通道中水位在平时和洪水期存在很大差异的问题。河道断面设计基于水力测算,保证可以有效应对不同降雨强度产生的流量。在横向上,利用植被软化坡面,塑造生态的河道景观;纵向上,结合园区西路设计竖向,梯级设置水体净化空间,协调水、湿生植物,满足水质、水量的不同需求。

其次,对场地中不得动土的 50m 管线防护区,设计采取宿根花海的形式,既满足8hm² 范围防护的需求,同时又塑造出整体大气的花海景观,使这块区位成为绿地中的主要风景块面,利用最小的成本,发挥最大的景观效益,丰富高校园区生活区景观特质。

生态方面,河道以生态型自然式绿化布置为主,结合现状地势,在适宜的位置设置开敞水面,在适宜部位设计蜿蜒的河道,不仅可以蓄滞山洪、营造不同的景观效果,而且可以为多种动植物提供不同的生境,有利于加强生物多样性,形成丰富的生物生态系统。

4.3.3　设计方案

4.3.3.1　整体景观布局方案

整体规划布局为"三带三点",三带为 50m 宽花海带、活力溪流带、生态绿带,三点为跌水森林节点、带状活动广场、水岸花间节点。见图 4.3-7。

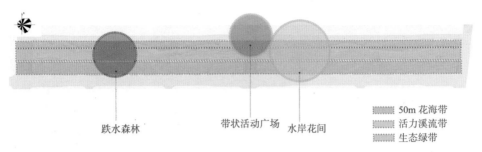

跌水森林　　　　　带状活动广场　水岸花间

▓▓ 50m 花海带
▓▓ 活力溪流带
▓▓ 生态绿带

图 4.3-7　整体景观布局

50m 花海带位于 50m 管线防护区域，宿根花卉栽植可以满足管线防护区域的安全防护要求，同时可以塑造大气整体的景观。活力溪流带以弹性的河道设计贯穿整个场地，在塑造景观的同时，满足雨期泄流的功能需求；沿溪流设置汀步供居民在枯水期通过，丰水期拦截进入溪流的道路，保障安全。生态绿带为场地提供足够的绿量，构成场地绿色骨架，形成背景。

4.3.3.2　整体竖向设计

整体竖向设计西高东低，与长香路交接点为最高点，局部设置跌水来消解较大高差，使得溪流的纵坡较缓（均为 0.05%）。见图 4.3-8、图 4.3-9。

A-A 断面位于泄流通道的上游，B-B 断面位于泄流通道的下游，B-B 断面的河道宽度较 A-A 断面大。

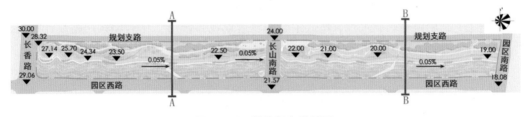

图 4.3-8　整体竖向设计图

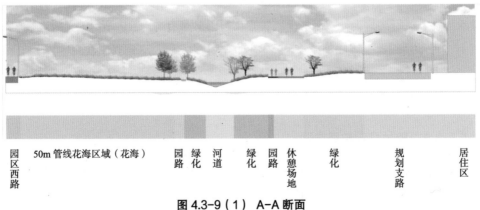

园区西路　50m 管线花海区域（花海）　　园路　绿化　河道　绿化　园路　休憩场地　绿化　　规划支路　　居住区

图 4.3-9（1）　A-A 断面

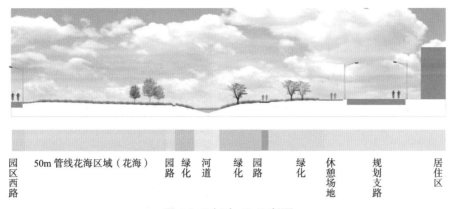

園区西路　50m 管线花海区域（花海）　園路　绿化　河道　绿化　園路　绿化　休憩场地　规划支路　居住区

图 4.3-9（2）　B-B 断面

4.3.3.3　河道断面及调蓄塘容积

为避免河道长期断流对动植物生长产生不利影响，设计考虑采用复合断面适应不同降雨强度的需求。在降雨较少、雨量较小的季节，使河道的低槽部分保持浅水慢流的状态，并且在遭遇小于 3 年一遇降雨时，不会将人冲倒、造成伤害。同时随着雨水汇入面积的增加，对上游、中游、下游采用不同的断面尺寸，确保排涝安全。见图 4.3-10 ～图 4.3-12。水力计算详见表 4.3-1。

长香路　规划支路　长山南路　规划支路　園区南路　園区西路　園区西路

图 4.3-10　河道断面总图

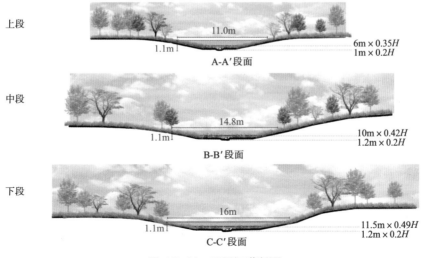

上段

11.0m

1.1m

6m × 0.35*H*
1m × 0.2*H*

A-A′段面

中段

14.8m

1.1m

10m × 0.42*H*
1.2m × 0.2*H*

B-B′段面

下段

16m

1.1m

11.5m × 0.49*H*
1.2m × 0.2*H*

C-C′段面

图 4.3-11　不同河道断面

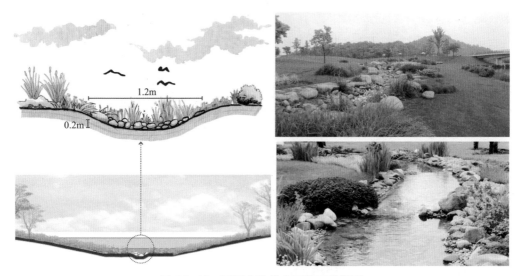

图 4.3-12　不同水流状态下的河道断面

<table>
<tr><td colspan="12" align="center">河道水力计算表</td><td>表 4.3-1</td></tr>
</table>

断面	重现期（a）	流量（m³/s）	坡比	糙率	水力坡度	水力半径	底宽（m）	水深（m）	水流断面（m）	流速（m/s）
A-A′	P=1	0.05	1	0.02	0.05%	0.12	0.4	0.2	0.16	0.33
	P=3	1.21	5	0.02	0.05%	0.27	4.5	0.35	2.19	0.55
	P=50	11.4	5	0.02	0.05%	0.7	4.5	1.1	11	1.04
B-B′	P=1	0.1	2	0.02	0.05%	0.16	1	0.21	0.25	0.39
	P=3	2.75	5	0.02	0.05%	0.35	8	0.42	4.24	0.65
	P=50	16.45	5	0.02	0.05%	0.77	8	1.1	14.85	1.11
C-C′	P=1	0.1	2	0.02	0.05%	0.16	1	0.21	0.25	0.39
	P=3	4.01	5	0.02	0.05%	0.4	9	0.49	5.61	0.72
	P=50	17.91	5	0.02	0.05%	0.79	9	1.1	15.95	1.12

　　本次河道设计在起端及中段各设置了一处调蓄塘，其主要作用一是在雨天收集、滞蓄降雨径流，二是在晴天为下游道基态流量，维持河道潺潺流水的景观。两处调蓄塘位置示意见图 4.3-13。

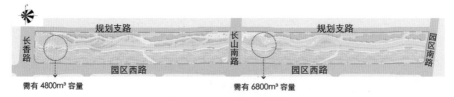

图 4.3-13　调蓄塘位置示意

调蓄塘体积容量设计标准为：在维持下游河道基本生态流量的基础上，能滞蓄其汇水区 1 年一遇标准下的降雨径流。考虑晴天河道景观效果，长香路至长山中路段河道晴天基本生态流量定为 50L/s，长山中路至 312 国道段河道（断面较宽）晴天基本生态流量定为 100L/s。

1 年一遇径流量根据汇水区面积，采用暴雨强度公式计算得到。本次河道汇水分区见图 4.3-14，其中调蓄塘 1 集水区面积约 33hm²，调蓄塘 2 通过泄洪道直接集水面积约 22hm²（汇水区 2）、转输调蓄塘 1 汇水面积 33hm²（汇水区 1），并通过管道收集 20hm²（汇水区 3）的降雨径流。汇水区 4（10hm²）的降雨径流直接排往下游河道。

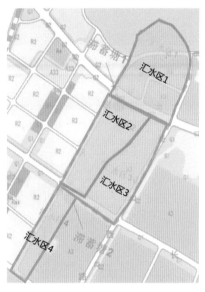

图 4.3-14　河道汇水分区图

根据排水规范削峰调蓄体积计算公式计算调蓄塘体积容量，计算结果见表 4.3-2，表 4.3-3。

调蓄塘 1 设计体积容量为 4800m³　　　　　　　　　　　　表 4.3-2

降雨历时	P	q [L/(s·hm²)]	径流系数	汇水面积	设计流量（m³/min）	脱过系数	下游流量（m³/min）	V（m³）
13.0	1	217.41	0.6	33	258.29	0.0116	3	4799.38

调蓄塘 1+ 调蓄塘 2　　　　　　　　　　　　表 4.3-3

降雨历时	P	q [L/(s·hm²)]	径流系数	汇水面积	设计流量（m³/min）	脱过系数	下游流量（m³/min）	V（m³）
13.0	1	217.41	0.6	75	587.01	0.0102	6	10943.29

调蓄塘 2 设计体积容量为 11000−4800 = 6200m³。

根据上述 2 个调蓄塘的体积容量，按照 50 ~ 100L/s 的生态流量要求，可维持连续 3 个晴天的生态补水，再结合本地区年平均降雨（日降雨超过 2mm）天数约 110 天的情况，基本能保证春夏两季晴天潺潺流水的景观效果。秋冬季发生连续多日不降雨时，可人工补水或维持旱溪景观。

4.3.3.4　入口跌水节点设计

项目入口接长香路，由于长香路北边的降雨径流靠管道排放过路，因此水系与道路之间的高差较大。同时为了保证溪流的水量，在此处设置一个景观蓄水塘（调蓄塘 1)。蓄水塘由 2 个水面组成，两个水面跌水高差各为 1m，跌水坝中设置溢流口，水位达不到跌水坝时，水可以从溢流口流出。水塘中栽植沉水植物、挺水植物，丰富物种多样性。水塘不设置栏杆，参照规范，2m 范围内水深不超过 0.7m。见图 4.3-15、图 4.3-16。

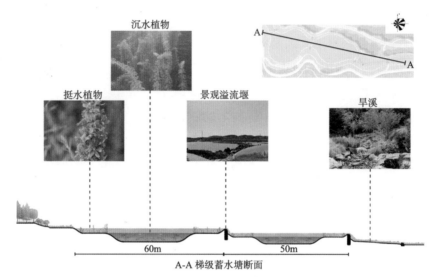

沉水植物

挺水植物

景观溢流堰

旱溪

60m

50m

A-A 梯级蓄水塘断面

图 4.3-15　入口跌水节点断面

图 4.3-16　枯水期的蓄水塘

4.3.3.5　跌水森林节点设计

跌水森林节点位于入口跌水塘的下游约 100m 处，节点由可栽植的层层跌水构成，设置该节点主要是为了进一步净化雨水，同时塑造区别于调蓄塘 1 的水景。水景周边设置休闲台地，台地与绿地相接，形成一个公共活动空间。儿童游乐区位于台地和溪流中间的绿地，设置为露沙面。溪流中部设置汀步石通向对面花海区域。示意见图 4.3-17、图 4.3-18。此区域为附近居民的主要活动区域。

图 4.3-17　跌水森林节点平面图

图 4.3-18　跌水森林节点意向图

4.3.3.6　带状活动广场

带状活动广场位于长山南路和规划支路的交叉口，广场沿着规划支路设置为开敞式，是一个进入式的带状活动场地，主要服务东侧居住区的居民，同时为绿地的主要入口。以长山南路为界，北侧场地内设计树池坐凳，供居民休憩，周边为林带和草坪，有支路通向河道及对岸花海；南侧场地被现状汇入的水系分为 2 块，由条石小桥连接，与下游一个较大的跌水塘相邻，形成水边广场的景观效果。见图 4.3-19、图 4.3-20。

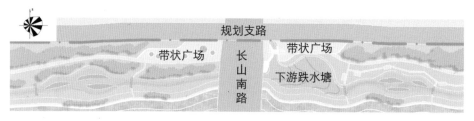

图 4.3-19　带状广场平面图

图 4.3-20　带状广场意向图

4.3.3.7　水岸花间节点

该节点位于下游跌水塘以南约 60m 处，基于水安全的考虑，局部预留可以蓄洪的低地，低地中预留树岛，丰富景观空间，河道边设计折线栈桥及木平台，河道两岸由汀步连接，对岸的花海蔓延到栈道边，在一年一遇降雨强度下，河道水位接近木平台，与蔓延的花海形成水岸花间的景观；在遭遇 50 年一遇的强降雨时，预留的蓄洪低地可以有效缓解洪峰。见图 4.3-21 ~ 图 4.3-23。

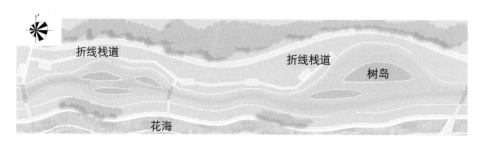

图 4.3-21　水岸花间节点平面图

图 4.3-22　一年一遇期的水岸花间节点

图 4.3-23　50 年一遇期的水岸花间节点

4.3.3.8　旱溪常流水状态设计

旱溪作为泄流通道在非雨期的一种常态,需要保证在有水和无水状态下均能有校好的景观效果。设计所选用的一般是既耐水淹、又可旱生的两栖植物(如黄菖蒲、千屈菜、芦苇等),周边搭配卵石和置石(卵石覆盖旱溪底部,置石塑景),常态下形成植物与景石相生的自然景观,雨期时可经受长时间的淹没后还能恢复常态的景观。见图 4.3-24。

4.3.3.9　花海设计

花海方案一:多种花卉分块面或分条带栽植(金鸡菊、天人菊、硫华菊、香雪球等),以黄色、红色、白色等各色花卉,突出热烈的氛围。见图 4.3-25。

花海方案二:单一花卉片植(柳叶马鞭草、波斯菊等),以粉色、紫色为主,突出浪漫的氛围。见图 4.3-26。

图 4.3-24　旱溪意向图

图 4.3-25　多种花卉栽植方案

图 4.3-26　单一花卉片植方案

　　由于花海紧邻园区西路，是一个门户型的道路，有对外展示的功能，如果采用单一花卉片植，必定会有一至两个季节无花可赏，影响整个门户景观的效果。设计建议采用多种花卉分条带栽植的形式，错开花卉的开花季节，延长花海的观赏时期。

4.3.4　结语

　　镇江高校园区位于镇江市区西南部，满足镇江市对优质高等教育日益增长的需求，致力于打造低碳环保的生态区，以"绿色引领时尚"为理念，倡导简单自然不奢侈，科学合理不铺张。规划建设时，充分考虑园区特点，结合地形山势布局建筑，合理利用现有自然坑塘和水系，将现有的河流、湖泊保留并融入景观，实现青山、绿水、建筑的有机结合。

　　本项目立足于构建生态水系的目标，在满足片区行洪排涝需求的基础上，充分展示了如何使城市公园作为生态基础设施，与水资源保护和利用巧妙融合，发挥洪水管理、管线防护区利用、增加生物多样性和提供娱乐空间等多重功能，可为城市类似的水系建设提供借鉴。

4.4　太龙公路两侧绿化工程海绵设计方案

项目类型：防护绿地

项目位置：温岭市东部新区

设计面积：23.67hm²

实施时间：2016 ～ 2018 年

4.4.1　项目概况

　　太龙公路东起温岭市龙门港，向西直抵上海、宁波，是浙江省沿海一条重要的一级公路。在温岭市东部新区境内，西起金塘南路，东至龙门路，全长约3980m。横跨西沙河、碧海湖、中沙河三条内河水系，与严石航道并行。见图4.4-1。

　　本项目为公路两侧绿化工程。公路路幅宽度24.5m，两侧设计有浆砌块石排水沟。公路南侧绿化带宽30m，北侧绿化带宽45 ～ 47m，总设计面积约23.67hm²。见图4.4-2。

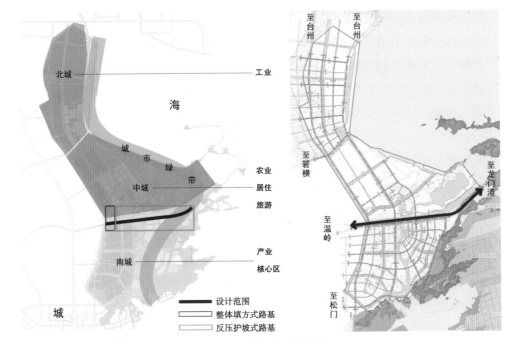

图 4.4-1　设计道路位置图

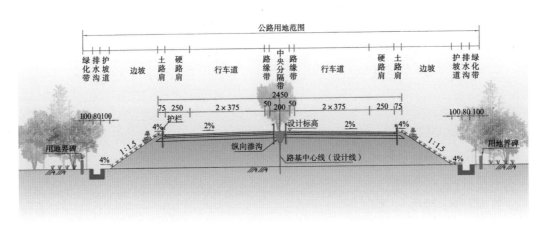

图 4.4-2　24.5m 整体式填方路基标准横断面

4.4.1.1　气象与水文地质

项目地处东南沿海，气候温和，雨量充沛，全年季节变化明显，流域降水量年际变化较大，且年内分配相当不均匀。根据温岭气象站实测资料统计，多年平均气温为 17.3℃，极端最高气温 38.1℃，极端最低气温 -6.6℃；多年平均降水量 1709.8mm，多年平均蒸发量 1286.4mm。

拟建场地地下水埋藏较浅，勘察期间测得钻孔稳定水位在黄海高程 1.61～1.73m 之间，为接受大气降水和地表水渗入补给的潜水和孔隙承压水。地下水水位动态变化受季节性和地表水体影响，但变化幅度不大，一般在 0.50 ~ 1.00m 之间。地下水及邻近河流河水水质类型为氯化物—钠型咸水，对混凝土具弱腐蚀作用，对钢筋混凝土中的钢筋在干湿交替状态下具有腐蚀性作用。

场地地基土从上至下划分为 5 个工程地质层组，①层主要为填土和黏土，②层主要为淤泥质黏土和淤泥，③、④为粉质黏土，⑤层为粉质黏土和黏土。

4.4.1.2　场地条件

绿化带现状地块盐碱性较强，仅生长强耐盐碱的地被植物，零星有乔木分布；南侧绿化带内有两排高压线杆。

道路北侧的西石航道在诗海路东侧有闸门控制，以西的河道沟通东部新区内河水系，不通航河道水位受控，常水位为 1.5m，50 年一遇洪水位为 2.79m。以东的航道与海水相连，为咸水河。

道路正在进行面层施工。根据设计，道路完成面与现状地面存在 3 ~ 4m 高差，以客土回填、自然缓坡处理为主。道路的大部分路基为填海涂路基，两侧各有反压护道宽度 15m。见图 4.4-3，图 4.4-4。

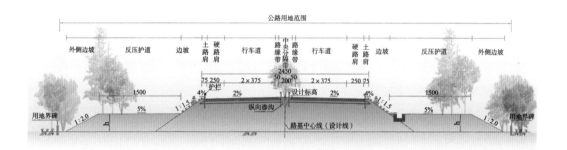

图 4.4-3　24.5m 整体式填海涂路基标准横断面

图 4.4 4　施工现场照片

4.4.1.3　景观设计

本项目为公路景观设计项目。东部新区建设注重生态，道路景观设计也应将生态理念深刻融入，在塑造道路景观的同时，首先满足生态需求。

景观整体空间结构由 2+1 生态防护背景林、疏林带和开敞空间构成。紧邻道路采用疏林带和开敞空间相隔，根据车速设定间隔距离，为驾乘人员带来最佳视觉感受；外层采用 2+1 生态防护背景林，也就是生态草沟位于双层防护林带之间，共同形成一个集生态、防护功能于一体的背景林带。见图 4.4-5。

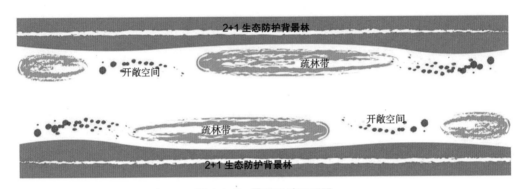

图 4.4-5　景观设计平面图

根据设计任务书要求，在道路南侧布置一条游步道，以 3 座栈桥上跨西沙河、碧海湖和中沙河、贯通全程。

整体绿化带竖向参照道路竖向，平均低于路面 0.8 ~ 1m，地形竖向高程在4.0 ~ 2.5m 之间。

4.4.1.4　问题及需求分析

项目位于东海之滨，土壤盐碱性较强，现状只有零星植物生长。营造道路景观需要多种乔灌草搭配，盐碱土壤严重限制了植物的选择。东部新区临海，受台风影响，全年降雨量大且极不均匀；道路中心线最低点标高 3.25m，受控河道洪水位 2.79m，公路的排水防涝压力较大。公路全部依靠回填形成，与原地面的高差较大，原公路排水边沟紧贴路边，材质为浆砌块石，景观协调性差。

盐碱地土壤改良方法之一是灌水排盐。遵循"盐随水来、盐随水去"的原则，只要有良好的排水，就可以将土壤中多余的盐分排除，所以在景观设计中结合海绵城市技术，利用雨水径流淋洗土壤，不但可以削减雨水径流量的峰值，还可以有效地去除土壤中的盐分。同时，利用植物和土壤对污染物的截留净化作用，降低公路雨水径流中的面源污染物，为周边的公园水体提供良好的补水水源。

4.4.2　设计目标及原则

4.4.2.1　设计目标

（1）年径流总量控制率

根据《温岭市海绵城市专项规划》，本项目位于 19 管控分区，年径流总量控制率不低于 76%，对应设计降雨量为 32.2mm。见图 4.4-6、表 4.4-1。

图 4.4-6　温岭市海绵管控分区划分图

温岭市年径流总量控制率对应设计降雨　　　　　　　　　　表 4.4-1

县市名称	年径流总量控制率对应设计降雨（mm）									
	50%	55%	60%	65%	70%	75%	80%	85%	90%	95%
温岭	12.5	14.8	17.5	20.9	25.2	30.8	38.5	49.7	68.2	102.9

（2）面源污染削减率

TSS 削减率控制目标为 60%，COD 削减率控制目标为 70%。

（3）雨水设计标准

道路暴雨设计重现期 P=3 年

（4）内涝防治标准

遭遇 20 年一遇降雨时至少一条车道的积水深度不超过 15cm。

4.4.2.2　设计原则

（1）生态优先，彰显特色

海绵城市建设应优先保护生态，景观与片区内道路总体风格保持一致，彰显新城南片区景观特色。

（2）设施适宜，景观优美

海绵措施的选择应结合项目的水文气象及地质条件，充分考虑景观效果及与海绵设施的结合度。

（3）满足功能，结构安全

应充分考虑道路结构安全，在满足道路功能的前提下，通过海绵城市建设实现雨水可控、设施有效。

4.4.3 技术路线

4.4.3.1 设计指导思想

本项目为公路两侧防护绿化工程，海绵设施是其有机组成部分。海绵设施既要具有控制、净化公路雨水径流的功能，又要融入景观、服务景观，使防护绿地发挥生态、景观、防护、休憩的多重功能。

4.4.3.2 技术路线

根据项目建设中面临的问题与海绵需求，对道路沿线周边现状及规划情况、道路下垫面情况和道路竖向等条件进行分析，确定道路雨水源头控制系统、雨水管道系统和防涝系统的设计目标，进而制定系统性和针对性的设计方案，最后综合分析效益及目标可达性，构建完整体系，确保目标实现。技术路线见图4.4-7。

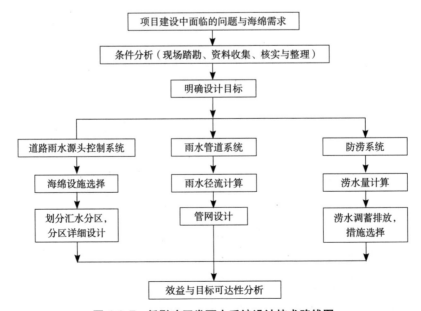

图 4.4-7 低影响开发雨水系统设计技术路线图

4.4.4　海绵城市设计方案

本项目设计范围内南侧为工业、居住和高校，北侧以居住、商业为主。公路及北侧河道一起，构成划分新区中城、南城的重要轴线。见图 4.4-8。

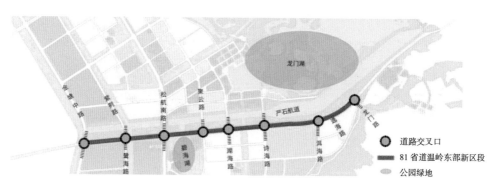

图 4.4-8　区域周边规划情况图

4.4.4.1　条件分析

本项目海绵城市设计主要针对公路雨水径流，因此径流控制设计面积包括道路红线内外两部分。根据公路总平面统计，路段全长约 3980m，道路红线宽度 24.5m，部分交叉口处展宽至 32.5m，总用地面积 114350m²，综合径流系数 0.85。公路北侧绿化带宽 45 ~ 47m，南侧绿化带宽 30m（含慢行系统 3.5m），综合径流系数为 0.17。下垫面分析见表 4.4-2。

下垫面分析　　　　　　　　　　　　　　　　　　　　　表 4.4-2

下垫面统计	面积（m²）	比例	综合径流系数
红线内	114350	100%	0.85
绿化面积	7102	6.2%	
车行道面积	107248	93.8%	
红线外	249988	100%	0.17
铺装面积	19417	7.8%	
绿化面积	230571	92.2%	

4.4.4.2　海绵设施选择及技术流程

根据公路排水特征、项目排盐碱的要求，以及景观需求，主要选择植被缓冲带、生态草沟和透水铺装这3种海绵设施进行雨水径流控制。技术流程见图4.4-9。径流分析见图4.4-10。

（1）取消原公路排水边沟，利用公路与两侧地面的高差，设置植被缓冲带。路面雨水径流顺公路横坡流入缓冲带，经过植物的拦截、吸附，去除所携带的面源污染物。

（2）在绿带中设置生态草沟，不仅排除路面雨水径流，也有利于促进植物（特别是乔木）生长；同时，通过降雨淋洗，将土壤中多余的盐分带走。

（3）将公路南侧绿带中的步道设置成透水铺装，降低径流系数的同时，可以缓解热岛效应，提高行走的舒适性。

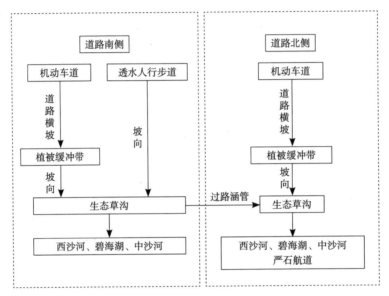

图4.4-9　太龙公路海绵城市技术流程图

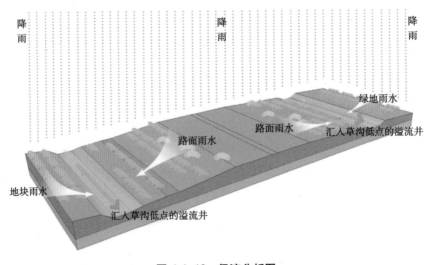

图4.4-10　径流分析图

4.4.4.3　系统设计

（1）自然排水系统

本项目采用自然排水系统，即取消原公路排水边沟，沿路也不设置管道排水，利用道路外绿化带内的生态草沟，将路面及两侧绿带内的雨水就近排入水体。

雨水经过植被缓冲带及生态草沟的滞蓄、净化、缓排，降低了径流中的污染物含量，减少了雨水径流量和峰值对河道的冲击。

（2）雨水管道系统

本项目雨水的最终受纳水体为道路北侧严石航道的内河段（水位受控）。除西沙河、中沙河、碧海湖 3 条水系通道外，原道路排水设计还设置了 5 道过路涵管。南侧的生态草沟与这些过路水系及管道相衔接，将径流最终排至道路北侧。

（3）防涝系统

根据道路竖向，太龙一级公路共有 7 个低点。景观通过微地形设计，为道路低点处的涝水设置行泄通道，将其引导到生态草沟。结合绿地、草沟的调蓄错峰，有效降低 20 年一遇暴雨道路涝水风险。生态草沟见图 4.4-11。

图 4.4-11　路外排涝草沟效果图

4.4.4.4　竖向与汇水分区

本道路雨水分段收集，为防止海水倒灌，路面雨水全部通过内河排放。

道路建设范围内标高范围在 3.381m（桩号 K24+000）～ 4.863m（桩号 K20+770）之间，道路纵坡 0.00% ～ 1.38%，部分路段为平坡。全路段共有七个道路低点、六个道路高点。见表 4.4-3，图 4.4-12。

道路高、低点标高表   表 4.4-3

序号	桩号	标高	备注
1	20+900	4.863	高点
2	20+970 ~ 21+360	3.970	低点段，平坡路段
3	21+560	4.436	高点
4	21+800	3.935	低点
5	22+215	4.818	高点
6	22+490 ~ 22+980	3.250	低点段，平坡路段
7	23+180	4.332	高点
8	23+380	3.523	低点
9	23+690	4.05	高点
10	24+000	3.381	低点
11	24+250	3.870	高点
12	24+500	3.392	低点
13	24+750	4.008	高点
14	24+875	3.775	低点

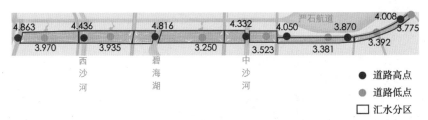

图 4.4-12 道路高、低点示意图

　　根据公路竖向、相交河道、相交道路位置，将太龙公路分为 8 个汇水分区。其中，诗海路以西段，生态草沟雨水就近排入西沙河、碧海湖、严石航道、中沙河等内河水系，部分路段通过设置过路涵将道路南侧雨水排至北侧，最终排入严石航道内河段；诗海路以东段，仅在道路南侧退让绿化中设置生态草沟，道路北侧严石航道防潮大堤与太龙一级公路之间有现状排水沟渠，南侧草沟内的雨水通过公路过路涵管排至北侧现状沟渠。在诗海路与太龙一级公路交叉口北侧设置过路涵管，将现状沟渠内的雨水排至诗海路西侧草沟，最终排至严石航道内河段。

4.4.4.5　分区设计

　　根据相交道路位置，分段进行详细介绍如下。

（1）金塘中路—鹭海路段

路段全长 600m，生态草沟从两端向中间放坡，在道路低点（K21+160）处通过过路涵将南侧雨水引至北侧草沟，排入严石航道。见图 4.4-13。

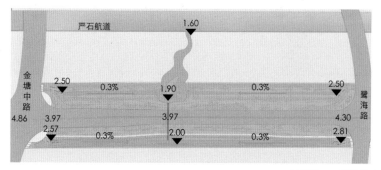

图 4.4-13　金塘中路—鹭海路段海绵城市设计

（2）鹭海路—松航南路段

路段全长 550m，生态草沟分为两段，西端向西排入西沙河，东端通过在（K21+830）处设置的过路涵将南侧部分雨水引至北侧草沟，雨水最终排入西沙河和严石航道。见图 4.4-14。

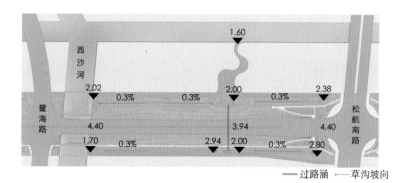

图 4.4-14　鹭海路—松航南路段海绵城市设计

（3）松航南路—湖海路段

路段全长 910m，该段草沟分为 3 段，桩号 K22+580 以西的草沟从东西两端坡向碧海湖，该桩号以东草沟内的排水通过设置在 K22+730 下的过路涵引至北侧，最终以旱溪的形式排入严石航道。见图 4.4-15。

（4）湖海路—诗海路段

路段全长 520m，生态草沟从两端向中间放坡，雨水顺草沟排入中沙河。见图 4.4-16。

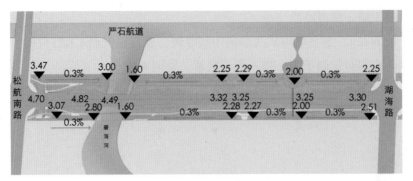

图 4.4-15　松航南路—湖海路段海绵城市设计

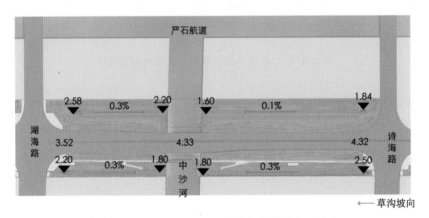

图 4.4-16　湖海路—诗海路段海绵城市设计

（5）诗海路—洱海路段

路段全长 770m，在道路低点（K23+380 和 K24+000）处各有一道过路涵，将南侧草沟内的雨水引至北侧现状明沟。见图 4.4-17。

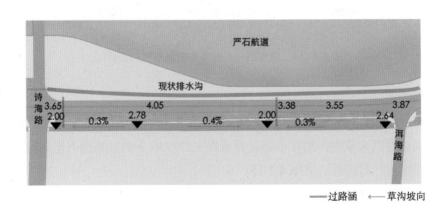

图 4.4-17　诗海路—洱海路段海绵城市设计

（6）洱海路—龙门路段

路段全长 630m，南侧草沟分为两段，通过在 K24+450 和 K24+688 处道路排水设置的过路涵，将南侧草沟内的雨水引至北侧明沟。见图 4.4-18。

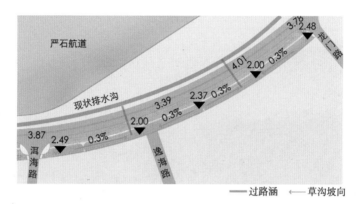

图 4.4-18　洱海路—龙门路段海绵城市设计

4.4.4.6　典型设施节点设计

（1）植被缓冲带

植被缓冲带为坡度较缓的植被区，经植被拦截及土壤下渗作用减缓地表径流流速，并去除径流中的污染物，本项目植被缓冲带坡度在 1% ~ 6%，宽度约 21 ~ 27m。路面雨水经植被缓冲带后进入生态草沟。见图 4.4-19。

图 4.4-19　植被缓冲带意向图

（2）生态草沟

生态草沟分为覆盖层、换植土层、碎石层三部分。覆盖层位于土壤表层，有助于保持土壤水分，避免因表面密封导致的透气性降低。本项目结合景观表现需求采用卵石覆盖，覆盖层厚度为 50 ~ 75mm；换植土层厚度 30cm，以种植常绿草皮为主。碎石层厚度为 30cm，其中粒径 3 ~ 5cm 的碎石层厚 25 ~ 27cm，粒径 0.5 ~ 1.0cm 的碎石层厚 3 ~ 5cm。见图 4.4-20。

图 4.4-20　生态草沟效果图

（3）溪道、旱溪

溪道、旱溪主要布置在道路北侧退让绿化内、过路管涵出口处，作用为传输径流、净化雨水、滞蓄雨水、沟通严石航道和生态草沟。见图 4.4-21。

图 4.4-21　溪道、旱溪意向图

（4）盐碱土改良

盐碱土土壤结构差，容易板结，根据土壤结构状况，在土壤中掺入一定量的粗沙或炉灰渣，改善土壤的通气状况，加大土壤孔隙度，阻止下层盐分上升。乔木栽植前将栽植地挖深 60 ~ 80cm，底部填 20 ~ 30cm 厚的鹅卵石或直径 3 ~ 5cm 的石子，下设排碱管，将下渗后含盐分的径流排入生态草沟。

（5）透水铺装

本项目南侧绿带中的慢行系统采用面层透水铺装，主要为行人提供舒适的行走环境。径流渗透后从面层下流向旁边的绿地。见图 4.4-22。

图 4.4-22　透水铺装意向图

4.4.4.7　绿化设计

植被缓冲带的种植选择以花灌木、草本花卉和乔木为主，合理的季相搭配保证植被缓冲带内的四季色彩，高大的乔木可减少生态草沟对整体景观效果的影响。

生态草沟种植要求高度为 35 ~ 50mm 的常绿草皮，沟底中心随机铺设河卵石并种植观赏草。

4.4.4.8　可达性分析

根据《海绵城市建设技术指南（试行）》中设施规模计算，采用容积法对本项目海绵城市效果进行评估。按照年径流总量控制率不低于 76%，对应设计降雨量为 32.2mm 计算，整个项目需要控制的雨水容积为 4506m³。见表 4.4-4。

太龙公路控制容积计算　　　　　　　　　　　　　　　　　　　　　　表 4.4-4

编号	下垫面统计	面积（m²）	雨量径流系数	设计控制容积（m³）
1	硬质路面面积	107248	0.90	3108
2	绿化面积	237673	0.15	1148
3	铺装面积	19417	0.40	250
	合计	364338	0.38	4506

本项目采用生态草沟、透水铺装等海绵设施，实际控制容积达 4575m³，对应设计降雨量为 32.69mm，满足年径流总量控制率 76% 的控制目标。见表 4.4-5。

太龙公路海绵设施控制容积计算　　　　　　　　　　表 4.4-5

编号	设施类型	面积 A （m²）	设计参数	实际控制容积 V（m³）	
				算法	数值
1	生态草沟	28962	蓄水深度 0.3m，换植土层厚 0.30m，碎石层厚 0.3m	$V = A \times$（蓄水深度 ×1+ 换植土层厚 ×0.1+ 碎石层厚度 ×0.3）× 容积折减系数 0.2	2433
2	溪道、旱溪	11903	蓄水深度 0.3m	$V = A \times$（蓄水深度 ×1）× 容积折减系数 0.6	2142
3	透水铺装	19417	不计入调蓄容积		0
	合计				4575

根据计算，本项目面源污染（TSS）削减率为 60.8%，可满足面源污染削减要求。

4.4.5 建成效果

4.4.5.1 工程投资

太龙公路海绵城市工程总造价约 1217.44 万元，各海绵设施投资估算见表 4.4-6。

太龙公路海绵城市工程投资估算　　　　　　　　　　表 4.4-6

序号	项目名称	单位	数量	综合单价（元）	金额（万元）
1	广场铺装	m²	6694	300	200.82
2	园路	m²	12723	300	381.69
3	侧石	m	8482	120	101.78
3	生态草沟	m²	28962	150	434.43
4	旱溪	m²	1750	100	17.50
5	溪道	m²	10153	80	81.22
合计					1217.44

4.4.5.2 效益分析

太龙公路海绵城市设计以《温岭市海绵城市专项规划》为规划基础，结合道路竖向和绿化设计，合理选择和布置海绵设施，严格落实规划控制指标，实现了径流总量控制、径流峰值控制、径流污染控制等多项目标。见图 4.4-23。

图 4.4-23　太龙公路改造后效果图

　　项目整体景观设计以绿色乔木、彩色地被为主，将于 2018 年底前完成。建成后将形成既有浓重景观绿量、又有活泼丰富色彩的道路整体景观风貌。